世遗泉州海丝名城科普丛书

· 主编　林华东　郭永坤 ·

泉州与海

苏黎明　编著

厦门大学出版社
XIAMEN UNIVERSITY PRESS
国家一级出版社
全国百佳图书出版单位

图书在版编目(CIP)数据

泉州与海 / 苏黎明编著. -- 厦门 : 厦门大学出版社, 2023.8

(世遗泉州海丝名城科普丛书 / 林华东, 郭永坤主编)

ISBN 978-7-5615-9061-4

Ⅰ. ①泉… Ⅱ. ①苏… Ⅲ. ①海洋-文化史-泉州 Ⅳ. ①P7-092

中国版本图书馆CIP数据核字(2023)第135986号

出 版 人 郑文礼
责任编辑 陈金亮　薛鹏志
美术编辑 李嘉彬
技术编辑 朱　楷

出版发行 厦门大学出版社
社　　址 厦门市软件园二期望海路39号
邮政编码 361008
总　　机 0592-2181111　0592-2181406(传真)
营销中心 0592-2184458　0592-2181365
网　　址 http://www.xmupress.com
邮　　箱 xmup@xmupress.com
印　　刷 厦门市明亮彩印有限公司

开本 889 mm×1 194 mm　1/32
印张 9
插页 2
字数 180千字
版次 2023年8月第1版
印次 2023年8月第1次印刷
定价 48.00元

本书如有印装质量问题请直接寄承印厂调换

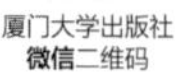
厦门大学出版社
微信二维码

厦门大学出版社
微博二维码

守正创新踏浪高歌在泉州

（总序）

林华东

科普就是要把人类改造自然、改造社会的知识和方法，以及蕴于其中的科学思想和科学精神，以浅显易懂的方式传播到社会的方方面面，使之为公众所理解，进而达到提升公众科学素质、促进物质文明和精神文明协同发展的目的。习近平总书记在党的二十大报告关于“推进文化自信自强，铸就社会主义文化新辉煌”中就强调，要“加强国家科普能力建设，深化全民阅读活动”。做好科普工作，泉州市老科技工作者协会（以下简称泉州市老科协）有这份热心，也有这份担当。特别是在“泉州：宋元中国的世界海洋商贸中心”项目获准列入《世界遗产名录》那一刻，如何让更多的人知晓世遗的泉州和与海共生的泉州，如何向世人展示以泉州为代表的中华海洋文明，如何将泉州辉煌的科技创新告知大众，如何向外人解释泉州一体多元、兼容并蓄、商工并举的开放理念……我们肩上有着一份沉甸甸的责任。

的确，泉州是一个十分迷人的地方！千余年来，这里的族群坚持守正创新，勇于踏浪高歌，以先进的科学技术和开放的思想，开辟连接东西方的海航通道，以海为途、以商交友，推动泉州成为世界海洋商贸中心。他们兼容并蓄，吸纳闽越遗民向海而生、人海相依的海洋文化，接纳阿拉伯等多民族的先进理念，以高水平的科技演绎了许多巅峰事迹，展现了中国的革新精神。

泉州给了世界一个十分低调又勇于高歌、十分恋乡又敢于梯航的印象。

这是世界的泉州，她以“宋元中国的世界海洋商贸中心”入列世界遗产名录，向世界展示了“向海而兴、多元互信”的中国海洋文明模式。

这是中国的泉州，她站在改革发展前沿，入列全国文明城市；2020 年以来 GDP 连续突破万亿元大关，“晋江经验”影响全国上下。

泉州市委定位泉州未来发展的目标之一是建设“海丝名城”。“海丝名城”所蕴含的泉州特色至少有四个方面值得提炼：一是千年来走向世界的商贸活动规律和中国模式海洋文明；二是改革开放以来形成的名扬大江南北的民营经济和“晋江经验”的文化底色；三是坚守道统和守护传统的文化自信；四是厚德载物、慎终追远的故乡记忆和感恩心态。

关于泉州的描述，我乐意借这个机会在这里转发拙作《宋元泉州，“光明之城”向海生》(《福建日报·第

44届世界遗产大会特刊》2021年7月16日），以飨读者。

> 这是一片橙色的世界：温暖、欢乐、华丽、车马辐辏，商业繁盛，财源滚滚。刺桐城敞开胸膛，笑迎四方来客。日子过得如东西塔顶的金葫芦，熠熠闪光。“涨海声中万国商”，“市井十洲人”，古城四根方柱，顶着壮实的身躯，与世界对话。文明，和平，广博。
>
> 古韵悠长，城脉沿袭的泉州，像一位满腹经纶的老者，向后人讲述着朝气蓬勃的故事。
>
> 泉州的历史蕴含着丰富的中华优秀传统文化，吸纳了世界各地多元文化，创造性演绎了东方海洋文明，引领了宋元时期世界海洋商贸的发展。
>
> 历史上的泉州，许多科学技术对中国和世界都产生过巨大影响。例如，高超的水密隔舱造船技术，提高了那个时代世界海上远航交通的安全性能；让世人刮目相看的桥梁技术，“筏形基础”“养蛎固基”“浮运架梁”造就了中国古代四大名桥之一的洛阳桥，“睡木沉基”建成了中国现存最长的跨海梁式石桥安平桥；磁灶窑和德化窑等陶瓷古窑以先进的窑炉技术生产了大量令世人爱不忍释的瓷器产品，推动了海上商贸活动；国内首个科学考古发掘的安溪青阳块炼铁产品，是宋元时期

海上丝绸之路贸易的重要商品,其“板结层”冶炼处理技术更是独具一格……

这是中国的泉州,更是世界的泉州!

中世纪的泉州刺桐港是世界级的港口,不仅拥有良好的港口航道,还拥有良好的地理优势。刺桐港北承宁波、杭州、扬州、南京,西南接广东、广西,构建了以泉州为中心的港海航线,宋代市舶司的建立促使泉州一跃成为中国与世界商贸交流的世界级大港。

刺桐港连通亚欧非上百个国家和地区,泉州先民以创新的精神开创了宋元泉州港400年辉煌历史。他们敞开胸怀迎纳来泉交流的不同文化,留下了千年古迹;舟船为马、梯航万国、开辟世界航海通道,展示了“和合共赢、坚韧进取”的中华海洋文明。

那个时期的泉州,造船业领先世界;曾公亮《武经总要》记录了“火药配方”;赵汝适的《诸蕃志》、汪大渊的《岛夷志略》都展示了海航商贸的精彩。泉州的先民把中华文明传向欧洲,在欧洲的文艺复兴、科技发展和海航繁荣中发挥了不可估量的作用,为欧洲的文明发展作出了贡献!

在刺桐港衰落之后,泉州人仍然继续他们的耕海牧洋,坚守东南海疆,开辟台湾宝岛;继续浮海“过番”(泉州人把赴南洋谋生称为“过番”),坚定地走向世界，把象征海洋文明的海神天后信仰远播到海丝沿线各国，把“和而不同、互惠友善”的中华文化展现给世界人民，为侨居地的经济和文化建设作出了卓越的贡献。

让世界最为惊讶的是，泉州的多种宗教竟然能共存相容，伊斯兰教、景教（古天主教的一个支派）、天主教、印度教（婆罗门教）、基督教、摩尼教（明教）、拜物教、犹太教与道教、佛教共处一城。

可以想象那个时期的泉州，清真寺的祈祷、摩尼教的圣火、古基督教的祷告、佛教的梵音、道教的清修，以及天后宫的顶礼膜拜和府文庙的琅琅书声，是那样和谐美妙地交融在一起，向世界展示着中华文化的生命活力。历史上中国有多个对外港口，同样都是在儒学思想的影响下，唯独泉州能兼容并包、多元文化共存，特别是刺桐港衰落之后，这些宗教遗迹犹在，很关键的一个原因是，泉州先人敬天、敬地、敬自然的杂糅信俗使“你好我也好”的人间生活信条转化为宗教和谐相处的心灵依据。

泉州族群礼佛敬神，信俗杂糅，其深处隐藏着对人生平安和生活幸福的寄托，张扬着泉州文化独有的个性。有心人还会发现，开元寺里有古印度教雕刻的石柱，泉州奏魁宫庙墙隐藏的装饰有十字架、天使、莲花、云纹、华盖等图案的古基督教石碑，泉州草庵摩尼教明清之后转型为民间信仰，泉州天后宫收藏犹太教饰物“六角形”抱鼓石。这一切也都在诉说中华文化强大的融合力和容纳力。

古代海上丝绸之路改变了世界，通过向海外输送中国的茶、瓷、丝绸和中国工艺技术，通过民间互动传播儒家、道家思想，深刻地影响着沿线国家和地区，甚至改变了他们的生活方式和审美观念。许多国家崇尚中国瓷器之风盛行，日本和英国先后形成茶道文化和下午茶文化。

海上丝绸之路同样也在改变泉州，这座古城具有了“光明之城、和平之城、勤勉之城、智慧之城”的鲜明特色。海上丝绸之路开启了地理大发现之前的全球化想象。海上丝绸之路带给西方人的中国印象，成为他们对内变革社会与对外远航扩张的动力源泉。泉州族群在海外交往的实践中，逐步建立起中国与域外世界的对话体系。海上丝绸之路留给泉州族群向海而生的商贸意识，从古至今一以贯之。在当今国家改革开放的大好时机面前，泉州人的商贸活动更显生机，铸就了“泉州模式”和“晋江经验”。泉州成为中华海洋文明的代表、世界商贸运营的典范、中华民族拼搏江湖的样板。

泉州，一个充满神奇故事的地方。在这里，你会发现,早在西晋时期就有汉人信仰的道观、寺庙,还有刻录西晋年号的汉人冢墓砖石;你会发现,汉语其他方言已经消失了的秦汉古音还在这里的人们口语中延续,古代汉语的基本词汇依然活跃在他们的生活之中……泉州,就似开元寺中的千年古桑,历经风霜雨雪、雷轰电击,依然枝叶繁茂、勃勃生机。

泉州先民从北方而来,他们无论在什么样的环境中,都坚守"厚德载物"的民族文化共识,不忘来处、尊宗敬祖、心存"三畏"(畏先灵、畏神灵、畏生灵),绵延多元融合的文化传统,成为维系中华活态历史文化的典范。

泉州族群打破"重农抑商"传统思想,依托东南海疆,打造宋元中国的世界海洋商贸中心,向世界展示中国的海洋文明,使泉州的经济地位从边缘走向中国和世界的中心,成为全球瞩目的焦点。

泉州族群深度演绎"自强不息"的优秀传统精神,破解"安土重迁"的农耕思想,自古至今始终坚持开拓精神,寻求发展机遇,开辟台湾宝岛,走向世界各地,成为中华文明的使者。

泉州文化的核心精神,一是重乡崇祖——坚守文化根脉,传统不丢弃,新潮不落伍!二是爱拼敢赢——自强不息,敢于险中取胜、向海而生!三是重义求利——坚持利益共享、互惠共赢,讲究实

际、反对虚无！四是山海交融——善于趋利避害、灵活机变！

泉州是一个古老而又朴实的地方，承载着不断进取、坚韧顽强的文化精神。在汉武帝平闽并移闽越人于江淮间之后，汉人开始进入闽地开发泉州，迄今至少也有2000多年的历史；以朝廷在泉州设立东安县（公元260年）算起，迄今也有1761年。

泉州还很年轻，虽然已经步入GDP万亿俱乐部。宋元刺桐港的辉煌，带给了泉州无上的荣耀，同时也赋予泉州不断进取的信心。21世纪“一带一路”的建设，泉州依然立足改革开放的潮头，依然在海上丝绸之路中奋进。

科普有多重要？习近平总书记深刻指出：“科技创新、科学普及是实现创新发展的两翼，要把科学普及放在与科技创新同等重要的位置。”这为我国新时代科普工作指明了发展方向，提供了根本遵循。

加强科普工作，不仅是泉州市老科协的责任，泉州市热心公益事业的企业家也有这个意愿。作为泉州市老科技工作者协会会长，我希望能在时贤已有的科普成就基础上，增添一点了解海丝名城泉州的可能。泉州市永顺船舶服务有限公司总经理、泉州船员服务行业协会会长郭永坤先生，在长期与海打交道的过程中，在服务来自全国各地的船员的过程中，深深感受到有必要从科普角度做些深入推介泉州的工作。我们彼此之间不谋而合。当我们把这一想法向泉州市科协汇报时，市科协领导当场给予了充分肯定和热心指导。

由泉州市老科协组织专家撰写、泉州市永顺船舶服务有限公司总经理郭永坤鼎力相助的“世遗泉州海丝名城科普丛书”于2022年9月正式启动，首辑推出三册。《泉州与海》由泉州师范学院著名历史学教授苏黎明先生承担。苏教授长期担任泉州师院图书馆馆长，中国社会科学院文化研究中心闽南文化研究基地副主任，有《泉州历史上的人与事》《泉州学研究》等十多部专著问世。《七分靠打拼》由泉州市人大常委会研究室原主任王伟明先生撰写。王先生长期关注和研究泉州古今事象，主编出版多部专著，并撰写了大量调研文章。《名城科技》由泉州市科技局机关党委副书记黄建团先生执笔。黄先生是福建省科普作家协会理事，泉州市科普作家协会副会长，撰写过科普图书《科技发展与智能制造》。

丛书以生动的笔触、通俗的语言、丰富的事例，将泉州向海而兴、泉州的民营经济和泉州科技创新三大特质串联一体，借以展示泉州独有风格。《泉州与海》以泉州曾经的世界海洋商贸中心和今日的辉煌，解读一千多年来泉州与海结下的不解之缘，向世人展示了古往今来泉州向海而兴、爱拼敢赢的精神。《七分靠打拼》呈现泉州千年商脉、侨商风采及改革开放后民营企业强劲崛起的雄风，勾勒“泉州人个个猛”、“输人不输阵”、勇立潮头、锐意进取的时代风貌。《名城科技》全面介绍泉州历史上曾经领先中国和世界的独特技艺和推动泉州当代民营经济创新发展的工艺技术，力图揭示泉州作为曾经的“东方第一大港”和如今跻身“GDP万亿俱乐部”的科技底蕴。

现代化使世界形成地球村，比起历史上任何一个时刻，我们彼此之间更加地贴近。但是，贴近不等同于了解。特别是泉州，她需要我们勠力去推开门窗，让世界再次走进泉州；她还需要我们全力去发掘其内涵，让人们增添前行的信心。今天，我们正昂首阔步行进在以中国式现代化全面推进中华民族伟大复兴的道路上，我们有责任向社会普及泉州的先进科学技术，有必要从泉州现象中提炼出中华海洋文明的核心精神和文化精髓，有信心再现厚重的世遗泉州形象，讲好泉州故事，参与推动中华文化走向世界。但愿首辑“世遗泉州海丝名城科普丛书”能为泉州走向明天增添色彩。

（林华东，泉州市老科技工作者协会会长，
泉州师院原副院长，二级教授，博导）

目　录

第一篇 声名渐起

泉州特定的自然环境和社会环境，使泉州人自古以来就与大海结下难解之缘，海上交通很早就发展起来。南朝时泉州已有海外来客，海外交通开始崭露头角；唐代，海上丝绸之路兴起，泉州成为海丝的重要起点，泉州港成为中国南方重要港口，海上交通日益繁荣；五代，泉州海外交通活动亦甚为活跃，泉州港更是以刺桐港之称谓扬名海外。

海是泉人的田地

海，是闽人的田地。这是明末清初杰出思想家顾炎武在其名著《天下郡国利病书》中说的话。顾炎武这句话，高度概括了闽人与海的关系。而对于位处闽南沿海的泉州人而言，这句话无疑更是精辟。

自古而来，泉州人与海结下深深的难解之缘，这既在于天然的处境使泉州人始终与海相伴相随，更在于海对泉州人来说含义异乎寻常，而对于数量众多的泉州沿海农民而言，海更无异于是关乎生存的田地，是至关重要的生计之源。这是泉州特定的生存环境的基本特点所决定的，即临海而居可通过海上交通获取生存资源，缓解长期存在的人多地少的尖锐矛盾。

泉州紧靠大海，东面南面皆是浩瀚海洋，海岸线长达 541 公里，拥有海域面积 11360 平方公里，盛产近百种鱼类，是福建的主要渔区。泉州沿海港湾甚多，天然港口遍布，主要有 3 大湾 12 港，分别为泉州湾内的洛阳港、后渚港、法石港、蚶江港，深沪湾内的祥芝港、永宁港、深沪港、福全港，围头湾内的围头港、金井港、安海港、石井港。此外，尚有崇武、秀涂、石湖等港口。重要的内港有南关港、乌屿港、梧宅港等。因海湾深入内陆，水域宽，航道深，适宜于大型船舶停靠，都是很好的登舟之处，泉州具有发展海路交通的优越条件。

泉州海滨

泉州境内山峦起伏，西北部有高耸的戴云山脉横亘，这使泉州与外省的陆路交通甚为困难，亦凸显了海路交通在历史上的重要地位。泉州境内第一大河晋江，上游有东溪和西溪两大支流，分别发源于永春锦斗乡和安溪桃舟乡，于南安丰州汇合后称晋江，河长 182 公里，流域面积 5629 平方公里，流经永春、安溪、南安、晋江、鲤城、丰泽等县市区，最后注入东海。古时的晋江，江面甚为开阔，河底甚深，大型船舶可溯江而上，直抵泉州城南。这既为发展泉州内陆与沿海的交通创造了有利条件，亦为发展海外交通提供了有利条件。

面向浩瀚大海，拥有漫长海岸线，且有众多天然良港，这是泉州人生存环境的一个突出特点，而泉州人生存环境又有另一个突出特点，就是长期存在的地狭人稠的尖锐矛盾。

泉州地形大多是山岳和丘陵，自古以来，被称为“八山一水一分田”，可耕地非常有限，人口密度却长期很高。泉州属亚热带地区，很适宜人口繁殖，加上多子多福观念根深蒂固，以及社会长期相对安定，人口繁衍很快。因此，唐代以来，人多地少的矛盾越来越突出，成为尖锐的社会问题，严重地困扰着历代泉州人。

唐五代时期，这个问题已出现。按《元和郡县志》载，唐开元年间，泉州有 5 万多户。而按府志载，同一时期，泉州有 3.7 万户。即便以后者来说，按唐代均田制标准，每户仅以 1 丁计算，亦应占田 3.7 万顷。然而，直至清代前期，泉州亦仅有耕地 1.4 万顷。而到五代末年，泉州人口已达 9 万户。可耕地严重不足，土地兼并却甚为盛行。唐代，泉州已出现“家有桑园七里，田三百六十庄”的大地主。五代，统治泉州的王氏、留氏家族，更是竞相兼并土地，建寺舍田，动辄千万。唐五代的泉州，开始兴起围垦造田浪潮，绝不是偶然的。

宋元时期，问题更加严重。入宋以后，泉州人口急剧增长。按《宋史》载，北宋崇宁年间，泉州已有 20 万户，人口远超 50 万人，所以，从上郡升为望郡。南宋后期，泉州有 25 万户，人口超过 60 万。宋代泉州的人口密度，每平方公里在 40 人以上，大大超过当时全国平均密度 18 人，也超过福建平均密度 16 人。土地兼并更加严重，强宗大族疯狂兼并。宋代惠安人谢履《泉南歌》云："泉州人稠山谷瘠，虽欲就耕无地辟。"元代，泉州的人口，按《元史》载，有近 9 万户 46 万人。表面上看，人口比宋代略少，不过，即便这数字与实际没有多大出入，亦已经不少，而可耕地并没有相应增加。

明清时期，矛盾仍然尖锐。明代泉州的人口，按府志载，嘉靖初年，丁口 21.3 万。万历后期，丁口 19 万。实际上，远不止这么多，很多漏报了。土地仍是严重不足。明代泉州的土地兼并，包括大量佛寺的兼并，依然十分严重。明人蔡清就很尖锐地指出：当今，天下佛寺所占田地，福建最多，福建佛寺的田地，又以泉州最多，多者达到数千亩，少者也有几百亩。善良的农民，每天辛苦劳作，累得要死，却没有一块属于自己的田地。清代，泉州人口也不少。按府志载，乾隆中期，丁口约 11.1 万。雍正年间，永春县升为州。清代的永春州，丁口 2.8

万。两者相加，泉州丁口约为 14 万。依此推算，总人口当在 50 万左右。这当中，漏报仍很严重。可是，耕地面积仍没有显著增加。

古代是农业社会，农民占绝大多数，泉州也不例外。对于农民来说，土地是赖以生存的最基本的生产资料。泉州可耕地如此之少，人口又如此之多，矛盾非常尖锐，且长期得不到缓解。泉州在这个问题上，甚至比同处闽南的漳州严重多了。漳州尽管也属丘陵地带，土地也不是很多，但有个九龙江下游平原，可耕地比泉州多出不少，人口又比泉州少得多，因此矛盾不如泉州突出。

人多地少的严酷现实，逼迫泉州人向外寻求新的生存空间，紧靠大海，给泉州人提供了一个向外活动的广阔空间，一种与海外交往的有利途径。依靠这个空间与途径，泉州人既可与海外进行贸易，获得生存资源，且可更便捷地移居海外，寻求新的生存空间。常言道，靠山吃山，靠海吃海。既然在陆地获取生存资源是那么困难，向内陆其他地方发展也不容易，而濒海的自然条件又提供了新的生存之路，为了生存的泉州人，当然只得好好利用这个途径了。秦汉以来，尤其是隋唐以来，泉州人即与大海结下难解之缘，特别是海上贸易与海外移居，成为非常突出的两种行为，基本缘由正在于此。

泉人善于造海船

海上交通需要适宜的海船，远航海外更需要坚固耐用的海船，泉州造船业历史悠久，素来以善于建造海船闻名，无疑为海上交通的发展与繁荣奠定了坚实基础。

浩瀚大海，波涛汹涌，可是，泉州沿海的百姓，自古就练就出不凡的驾驭海洋波涛的本领，具有高超的扬帆出海能力。这种能力，既来自航海技术，更来自造船技术。

早在先秦时期，中原汉民进入泉州之前，泉州地区的闽越人，已经以善于造船和航海著称。闽越人以捕鱼和狩猎为生，善于在河川海道中行舟驾船，因此，很早就懂得造船和航海活动。《越绝书》称：越人居于山中，在水中航行，用舟楫当代步的车马，行动轻捷，来如飘风，去则难以追赶。班固《汉书》亦称，闽越人居住于溪流峡谷间，熟习水性，善于用舟。闽越人建造和使用的船只，主要有独木舟、方舟、楼船等。闽越人建造海船，并能航行大海，已有相当的航海能力，能与东亚和东南亚进行海上贸易。秦汉以后，随着闽越国的灭亡和汉族大批入泉，闽越人的造船技术及航海活动，亦为入主泉州的汉人所继承。

三国至南朝时期，中原汉民大批南迁泉州，带来先进的生产技术和科学知识，推动了泉州社会经济的发展，为海外贸易提供了重要的物质基础，亦促进了泉州造船和航海技术的提高。南朝梁朝时，泉州已能建造出大海船与南洋诸国往来。

隋唐时期，沿江沿河沿海地区设置造船厂，泉州是当时全国一个主要的造船基地。唐代公私船只数量众多，水上交通甚为发达。按《元和郡县志》所言，当时从扬州、益州、湖南南部到交州、广州、闽中等州的官府运粮船，私家商旅船，络绎不绝。唐代，中国海船船身庞大，结构坚固，载重量多，抗风力强。福建海船可载数千石货物。按乐史《太平寰宇记》载，当时，有称为泉郎的泉州人，生活起居常在船上，虽在海边建有房舍，然而经常转移，没有固定处所。驾驶的船，称为“了鸟船”，船头船尾又尖又高，船中央平坦开阔，冲锋破浪，无所畏惧。宋代，泉州沿海仍有使用了鸟船。

五代，泉州造船技术进一步提高。按乾隆《泉州府志》载，王延彬任泉州刺史，近 30 年期间，屡屡发往海外的船舶，从来没有发生过沉船事故，因此被泉州人称为“招宝侍郎”。几十年没有发生过沉船事故，这在古代委实是很不容易的，亦表明这期间泉州造船技术的高超。

宋元时期，泉州造船业更是兴盛发达，造船技术和导航技术都处于世界领先水平。宋人谢履《泉南歌》云：“州南有海浩无穷，每岁造舟通异域。”宋人乐史《太平寰宇记》中，将海船列为泉州土产，可见泉州海船数量繁多。宋元时期，福建在泉州、福州、漳州、兴化设官办船厂，建造各种战船、运兵船、运粮船，以及官府使用的座船，所造海船质量居全国之首。李心传《建炎以来系年要录》称，南宋建炎三年（1129 年）春天，监察御史林之平奉命到福州和泉州招募海船，当年冬天，即有 200 余艘大船，自闽中航抵明州海域。

宋代，泉州建造了许多战船。按乾隆《泉州府志》载，绍兴年间，黄彦辉知晋江县，恰逢朝廷诏令滨海各县造船，按例每县造 9 艘，晋江县最早完成。傅伫知晋江县，朝廷诏令造战船，傅伫亲自督造，亦是最早完成，且建造费用只有别县一半。宋代，泉州除官营造船业外，私营造船业也很发达。按韩元吉《连南夫碑》载，绍兴初年，连南夫知泉州，朝廷诏令福建造船，他建议朝廷下诏，向民间购买商船 200 艘，可节省银钱 20 万缗。可见，当时泉州民间造船很多，价格亦较为低廉。元代，朝廷多次命令

根据泉州湾后渚港出土的宋代古船复原建造的海船

泉州造船。按《元史》载，元世祖忽必烈在位时，因欲东征日本，连续几次令泉州造船，且数量甚大。至元二十八年（1291年），意大利旅行家马可·波罗等，奉忽必烈之命，护送阔阔真公主远嫁波斯。忽必烈下令备船13艘，每艘船4桅12帆，从泉州扬帆启航。这些大海船，就是在泉州建造的。

宋元时期，泉州所造海船，无论坚固性、稳定性还是适航性，在当时都具有世界领先水平。1974年，泉州湾后渚港挖掘出一艘宋代海船，残长近25米，宽9米多，复原长度可达34米，宽11米，载重量200吨。这是国内迄今为止发现的体量最大、年代最早的海船，同时亦是由海外返回且已出土的唯一古代海船。该船船体外型与内部结构的设计，综合考虑了稳定性、快速性、耐波性，坚固且耐用，经得起风浪，有利于长时间海上航行。这艘古船的发掘，轰动海内外。这是中国首次大型海湾考古发掘工程，被列为当年中国十大考古重大发现，被誉为“中国自然科学史上最重要的发现之一”。《人民日报》刊发报道称：这是我国迄今为止发现的由海外返航并已出土的唯一一艘古代远洋货船；采用的水密隔舱技术，领先西方国家数百年。这艘古船，亦成为2021年“泉州：宋元中国的世界海洋商贸中心”成功申遗的重要实物印证。1982年，泉州东海镇法石乡又发掘出一艘南宋古船，亦充分说明宋代泉州造船技术的先进。

明清时期，泉州造船技术仍处于领先水平。明代，郑和下西洋的海船，有些是在福建建造。按《明实录》载，永乐元年（1403年），朝廷诏令福建造137艘海船。翌年，因将派遣使节远赴西洋诸国，又诏令福建造船5艘。郑和庞大的船队中，有些船就是泉州制造的。此外，明代册封琉球的方舟是福船型，建造非常考究，具备抗沉性、快速性、稳定性等性能，载重量为500吨。制造方舟的船场，成化之前是在泉州，成化之后转到福州。明末清初，活跃于福建沿海的郑芝龙、郑成功的舰队，林道乾、蔡牵等称雄海上的私商船队，数量极为庞大，这些海船，大部分是由泉州各地民间所建造。

所以，大海虽然波涛汹涌，可对善于造船又熟悉海上航行的泉州人来说，基本上不在话下，泉州的海外交通，很早就表现得风生水起。

南朝番僧漂洋来

漫长的海岸线，众多天然的良港，先进的造船与航海技术，使泉州海外交通很早就发展起来，至少在南朝时期，泉州已有关于海外来客的记载，印度高僧拘那罗陀来泉州，并从泉州泛海南行，就是很好的证明。

泉州古代为闽越人居住地。三国至南北朝，南方政局相对稳定，北方战乱频繁，大批中原人民背井离乡，相继南迁进入泉州。南迁而来的中原士民，不仅为泉州增加了大量劳动力，而且带来中原先进的生产工具和生产技术，既促进了农业的发展，亦推动了纺织、陶瓷、造船等手工业的迅速发展。经过100多年的开发，到南朝时，泉州社会经济已颇为繁荣，为海外交通的发展提供了物质基础。南朝时，泉州海外交通已初步形成，出现了以梁安港为中心的对外交通港口，有大船驶往海外贸易。梁安，治所在今泉州市南安市丰州镇。拘那罗陀来泉州翻译佛经，住九日山延福寺，亦从一个侧面佐证了这一点。

社会经济的繁荣，亦为佛教在泉州的传播和发展，提供了物质支撑。泉州与佛教因缘甚深，素有泉南佛国之称，佛教历史悠久。佛教作为一种多神教，自东汉时传入中国后，因水土较为适宜，加上聪明的中国人对之进行的本土化改造，很快流行开来。到了南朝时，竟出现“南朝四百八十寺，多少楼台烟雨中”的壮观景象，这是人所皆知的。就泉州来说，最迟在公元 3 世纪的西晋时期，佛教亦已经传入，并很快扎下根来，开出艳丽迷人的花朵。晋太康九年（288 年），泉州便建起了第一座佛寺，即位于南安九日山下的延福寺，且规模颇为宏大，构筑颇为堂皇。这座规制宏敞、独步泉南的佛教大禅林，之所以建于九日山，是因为九日山位于南安丰州，而丰州是中原汉民南迁泉州后最早聚居开发的地区，西晋时已有不少中原汉人在此定居，开发晋江下游两岸，形成相当规模的汉人社会，并具有较为发达的经济。中原汉人入泉开拓，带来了中原文化，带来了所信仰的佛教，使佛教在泉州迅速发展。

佛教产生于印度，泉州与印度的往来也是因佛教开始。据释道宣《续高僧传》载：拘那罗陀，又名真谛，南朝时的西天竺优禅尼国人，即今天印度乌贾因人。少年时代，学通佛教典籍，尤精于大乘佛法。后来，泛海至扶南国，即今天柬埔寨。南朝梁武帝大同年间（535—546 年），梁武帝派官员护送扶南国使者返国，同时寻访佛经和高僧。此时，正在扶南国的拘那罗陀，受邀来华，大同十二年（546年），抵达广州，随后一路北上，两年后的太清二年（548年），到达梁朝都城建康，即今天南京。梁武帝对其礼遇有加，让其居住于保云殿，命其翻译佛经。拘那罗陀欲翻译佛经，可是，时值侯景之乱，建康不得安宁，于是，辗转浙江、江西、广东等地。陈永定二年（558年），到达福州，重新核定所翻之经论。不过，好景不长，陈宝应图谋叛乱，拘那罗陀无法久留，于陈天嘉二年（561年），乘小船至梁安郡。

拘那罗陀从福州来到泉州后，本打算换乘大船回印度，但是在泉州太守、僧侣、信众的极力挽留下，留了下来，住在南安丰州九日山下建造寺，亦即延福寺，翻译《金刚般若波罗蜜经》，简称《金刚经》。这部佛教经典，主要思想在于：主张世上一切事物空幻不实，实相者则是非相，认为应离一切诸相而无所住，即对于现实世界不应执着或者留恋。最后四句偈文，被称为该经之精髓："一切有为法，如梦幻泡影，如露亦如电，应作如是观。"这部佛经，篇幅适中，特别受到佛徒重视，得到广泛传播，并有不同译本。拘那罗陀之前，已有两种译本，一是后秦鸠摩罗什于402年译出，一是北魏菩提流支译本。不过，阐释有所不同。

拘那罗陀译经的延福寺

拘那罗陀到南安并翻译《金刚经》，在地方文献中有明确记载。北宋端拱年间（988—989年），泉州进士曾会，所撰《重修清源郡武荣州九日山寺碑》云：古代《金刚经》，昔日天竺三藏拘那罗陀，梁朝普通年间，泛海前来中国，途经这座寺庙，因而取出梵文，译正经文，传授及今，后人得以据此学习这部佛经。乾隆《泉州府志》九日山“翻经石”条亦云：梁朝普通年间，僧人拘那罗陀，曾于此翻译《金刚经》。拘那罗陀在此翻译佛经，这也是泉州佛教史上的重要事件。南安九日山上，至今尚存有拘那罗陀翻经石，就是为了纪念这位高僧翻译佛经的功绩。

拘那罗陀到泉州后，居住了一年多，翌年年底，自南安更换大船，计划前往棱迦修国，即今天马来半岛北大年。不料，风信不顺，漂流至广州。于是，留在广州，宣扬佛法，翻译佛经，历时七载。太建元年（569 年），圆寂。拘那罗陀在华 20 多年，翻译出大量颇有价值的佛经，同时还培养了许多优秀的弟子，对中国佛教产生了深远的影响。

拘那罗陀南朝时来泉州，绝不是偶然的事件。拘那罗陀拟前往棱伽修国，必须到泉州换乘大船，这至少说明两点：一是南朝时泉州港已开始崛起，已是海外交通的重要港口，有大船往海外贸易，往返于东南亚的马来半岛；二是泉州造船技术和航海技术进步，且已逐渐处于领先地位，这无疑是个了不起的成就。

拘那罗陀来泉州，这是有文字记载的最早来泉州的外国人，写下了泉州海外交通史上浓墨重彩的一笔，同时也宣示着泉州港海外交通开始崭露头角，因而具有重要的历史意义。

唐代海丝的兴起

唐代，泉州社会经济持续发展，造船和航海技术进一步提高，加上陆上丝绸之路向海上丝绸之路转移，统治阶级鼓励海外贸易，有力地推动了泉州海外交通的发展，泉州成为海丝的重要起点，令世人瞩目。

梁朝至唐代，中原和北方战乱频繁，泉州社会仍相对安定，成为很好的避乱之地，汉人继续大量入泉。梁朝，侯景之乱，三吴沦为战场，兵祸连结，许多繁华城市变成荒凉之地，因此，大批难民从长江中下游辗转进入泉州。隋朝初年，北方不少失意的贵族亦入迁泉州。诸如，陈后主叔宝的 3 个儿子及宗族，就是流入泉州。唐武后时期，为加强对闽中南部的控制，陈政、陈元光父子带领军队及随军家属征蛮，并在闽南驻扎下来，所率戍闽部将官佐有 58 姓。这批南来的北方汉人及后裔，也有不少后来迁徙到泉州居住。因此，梁朝至唐朝，泉州人口持续增加，且增加速度加快。按《元和郡县志》载，元和年间，泉州人口已接近上州资格，所以，泉州升格为上州，南安和晋江升格为紧县。

北方汉民继续大量南迁，进一步带来了中原先进生产工具和生产技术，且人口不断繁衍，劳动力大量增加，有利于社会经济发展。由于泉州地方官员这期间亦较重视发展经济，采取不少促进经济发展的措施，也由于原有社会经济已有一定基础，加上泉州劳动人民的勤劳与智慧，因此，进入唐代后，泉州社会经济又有显著进步，突出表现在农业和手工业方面。农业方面，主要表现在耕地面积扩大与水利兴修。山区进一步开辟耕地，沿海开始大规模围垦土地，出现了许多围垦的埭田。同时，水利大量兴修。唐贞元至太和年间，泉州先后开凿了几个大池塘，最著名的有可溉田 300 余顷的尚书塘，以及仆射塘和天水淮等。此外，泉州城东的东湖，是州境诸湖中最大的湖，唐朝时湖面达 40 顷。有了这些湖、塘、淮，泉州平原的浇灌问题大部分得到解决。手工业也有显著进步。冶铁、制盐、制茶、铸钱、陶瓷、造船等都有较大发展。作为土贡的绵、丝、蕉、葛等纺织品，颇有名气。陶瓷业亦较发达，现已发现这个时期的古窑址几十处，当中以沿海的晋江居多。

社会经济尤其是农业和手工业的发展，加上航海技术的进一步提高，无疑为泉州海外贸易的发展打下了坚实的物质基础，而丝绸之路重心由陆上向海上的转移，亦为泉州发展海外贸易提供了重要契机。

中国是个有着悠久历史和灿烂文化的国家，中国人很早就知道养蚕缫丝，制成各种纺织品。中国丝绸沿着陆上丝绸之路和海上丝绸之路向世界各地传播，深受欢迎。唐代中期以前，陆上丝绸之路是丝绸外销的主要途径，骆驼和马则是主要的交通工具。唐代中期以后，国内外政治和经济形势均发生了重大变化。安史之乱导致陆上丝绸之路中断和阻塞，北方社会经济遭到极为严重的破坏，南方则成为唐朝经济的重心，陆上丝绸之路急剧衰落，海上丝绸之路日趋兴盛，成为丝绸瓷器等外销的主要途径。这期间，大食帝国阿拔斯王朝加强海上交通，迁都巴格达，丝绸之路西段由陆路转向海路，海上丝绸之路成为中外经济文化交流的主要途径。这种状况，无疑为泉州发展海外贸易带来了重要契机。

唐朝为彰显国力宣示国威，亦为了获取税收及珠宝香料，实行对外开放，甚为重视海外贸易，鼓励番商前来中国。当时，许多波斯商人和阿拉伯商人，经过南洋群岛，前来广州、泉州等滨海港口城市贸易，被地方政府征收了较重的税收，导致番商不满，埋怨之声不绝于耳，在海外造成较大影响。据《全唐文》载，鉴于这种情况，唐太和八年（834 年），唐文宗在《太和八年疾愈德音》中，明确指出，南来的番商番舶，乃是慕化而来，征税过重实属不妥，明令各地，不得重加税率，并要求岭南、福建、扬州地方官员，应对番客多加关心，常加慰问。朝廷允许番商来往流动，自由交易，且不得重加税率，有利于中外经济文化交流发展。唐代海丝的兴盛发达，推动沿海港口城市发展，形成了广州、泉州、扬州、明州、福州、登州等港口。

正是上述多种因素的交互作用，泉州海外贸易迅速发展与繁荣，海上丝绸之路活动甚为活跃。泉州成为海上丝绸之路的重要起点。

唐代泉州海外交通发展，成为海丝重要起点，从外国人的记载中亦可得到反映。唐会昌年间，阿拉伯著名地理学家伊本·胡尔达兹比赫，所撰《道里邦国志》载：从栓府至中国的第一个港口鲁金，陆路和海路距离皆为 100 法尔萨赫。在鲁金，有中国石头、中国丝绸、中国优质陶瓷，那里出产稻米。从鲁金至汉府，海路为 4 日行程，陆路为 20 日行程。汉府是中国最大港口。汉府有各种水果，并有蔬菜、小麦、大麦、稻米、甘蔗。从汉府至汉久为 8 日行程。汉久的物产与汉府相同。从汉久到刚突为 20 日行程。刚突的物产与汉府和汉久相同。中国这几个港口，各临一条大河，海船能在这条大河中航行。这些大河均有潮汐现象。在刚突的河里可见到鹅和鸭。学者对于伊本·胡尔达兹比赫的这些记载，比较一致的看法是：鲁金是交州，汉府是广州，汉久是泉州，刚突是扬州。就是说，伊本·胡尔达兹比赫将泉州与广州、扬州、交州并列为中国对外贸易的四大港口。

始建于唐代的蚶江林銮渡

扬帆海外的泉商

唐代，随着海上丝绸之路兴起，泉州海上交通日益繁荣，沿海许多商人依靠泉州造的海船，扬帆大海，既同国内沿海城市贸易，又跨出国门，漂洋过海，前往东南亚和波斯湾贸易，络绎不绝。同时，亦有僧人出洋传播佛教文化。

唐代泉州人出洋，主要是进行经商活动，或者从事手工业。而从出洋目的地看，东南亚是最主要的落脚点。这是因为，泉州地处福建东南沿海，隔海与南洋群岛的菲律宾等国家相望，交通便捷的地理位置，使泉州人向海外拓展首先主要指向南洋地区。从泉州沿海乘坐帆船前往南洋，尽管也要几个昼夜，然而，这对于以海为生的泉州沿海百姓来说，并不是什么难度很大的事。而且，南洋较为有利的经商环境，南洋人对泉州瓷器等物品的欢迎，亦使泉州人把出洋的重点目标首先放在南洋。

唐代，泉州人前往南洋经商或从事手工业，甚至最终定居南洋者大有人在。这些泉州人前往南洋谋生，实际上，也可以说是远古时代越人进入南洋的继续。这些泉州人，或自发或个别或少量地前往南洋，最后应当都融入南洋地区先住民的群体中，从福建被南洋人称为“唐山地”，可以说明这一点。

唐代，泉州人背井离乡，跨出国门，漂洋过海，前往南洋群岛谋生，甚至定居。这个历史事实，根据目前南洋已出土的墓葬，以及相关的方志记载，可以从不同角度得到充分的证实。

菲律宾与泉州隔海相望，是唐代泉州人前往南洋的重要地区，留下了不少遗迹。诸如，菲律宾礼智省的马亚辛，发现建造于唐高宗显庆六年（661年）的郑国希墓。该墓碑记载，郑国希，原籍福建泉州南安。这是已知的东南亚最早的福建人坟墓。民国《南安县志》于此亦有相关记载。唐高宗显庆六年（661年），此时唐王朝才建立40多年，属于初唐。这也有力地证明，至少在唐朝初年，已有泉州人前往菲律宾谋生，甚至定居于菲律宾。而且，从当时郑国希死后有人为其建造坟墓这个情况看，很显然，来到这里谋生的当不止郑国希一人，而应当还有更多的泉州宗亲或乡亲。

南洋群岛的印尼，亦是唐代泉州人常往的地方。晋江《安海志》，曾记载唐代两位泉州人往印尼经商。一位是南安石井人林銮仙，造船通航渤泥。至于林銮仙造船通航渤泥，是前往经商，或从事别的活动，志书没有明载。不过，大体可以推定，应当是经商。因为，如果只是从事别的活动，诸如移居或从事手工业，似乎是不需要自己造船的。另一位是名叫王尧的商人，从渤泥贩运木材到南安石井，作为造船的材料。渤泥即现在的印尼。这也说明，当时已有不少泉州人前往印尼谋生，主要从事商业活动。

除了菲律宾和印尼外，南洋的文莱、马来半岛、桑多邦等地，亦都发现有唐代泉州人前往经商的遗迹。虽然，并没有史料的明确记载，然而有出土文物可以证明。在文莱，发现唐代安溪出产的双耳罐瓷器，它与安溪唐代墓葬出土的随葬品毫无异样。在马来半岛，所发现的唐代耳罐，它和泉州惠安山腰唐墓出土的器物也极为相似。在桑多邦，即泉州人所称的“山猪墓”，亦发现有唐代泉州制造的黑瓷器和白瓷器。所有这些表明，唐代，泉州生产的瓷器，通过泉州商人或者番商，从泉州港运往南洋各地，范围甚为广泛。至于这些瓷器是泉州商人贩运到南洋，或者是番商贩运到南洋，如果联系到前述的这期间泉州人在菲律宾和印尼活动的记载，那么，由泉州商人贩运而去的概率应当更大。尤其是桑多邦发现的瓷器，更清楚地表明当时已有泉州人在这里经商或居住。桑多邦因华侨众多，被称为“小中国”。

另外，在北非的埃及古城福斯塔特，以及南亚印度古城勃拉·米纳巴的废墟上，亦发现有唐代的瓷片，当中有些与泉州唐代瓷器产品甚为相似。这些事实亦表明，当时已有泉州人往南亚和北非谋生，或经商或居住。

唐代，泉州还有僧人东渡日本，昙静随鉴真东渡日本，就是较为典型的例子。鉴真，扬州人，少年时出家，受具足戒，云游名刹，遍访高僧，研习律宗。天宝初年，鉴真在扬州应日本僧人之请，拟赴日本讲授律藏和传戒，前 4 次因官府干涉或遇风浪而未成行。第 5 次终于成行，但又遭遇风暴漂至海南岛。回扬州途中，鉴真双目失明，但不改初衷，第 6 次东渡，终于抵达日本九州鹿儿岛。鉴真带去佛经多种，被授予“传灯大师”的称号，又在奈良东大寺筑坛授戒，创立了日本律宗，又建成唐招提寺，在该寺讲律传戒，校勘佛典，行医制药，最终病逝于该寺。鉴真把中国雕塑、绘画、建筑、文学、书法、医学等传到日本，对中日两国文化交流作出卓越贡献。鉴真第 6 次成功东渡日本，弟子中就有泉州超功寺僧人昙静。

按新编《南安县志》载，昙静是泉州南安县人。昙静的生卒年及生平无法考证，仅知是唐代泉州超功寺僧人。唐代泉州超功寺的具体情况亦无法考证。昙静在鉴真第 1 次东渡日本时就随行前往，但这次东渡日本，因高丽国僧如海诬告，说他们与海盗有勾结，官厅就搜查他们，这次东渡以失败告终。随后几次东渡，不见有昙静名字，可能没有参加，鉴真第6次成功东渡日本，昙静追随他到了日本。据日本《类聚三代格》记载，昙静在日本担任传戒师并建放生池。昙静在日本传戒，对佛教在日本的传播起了一定作用。这也是泉州人最早赴海外传播佛教文化的记载。

晋江出海口

灵山伊斯兰圣墓

唐代中后期，泉州港迅速发展为中国南方重要港口，海外尤其是阿拉伯番舶常到，泉州出现番客混杂现象，既有来自海外各国的商人和侨民，亦有在这里登岸的外国使节和传教士，以及前来学法的僧人。

唐代许多外国人来泉州，这有文字记载作证。清代泉州人蔡永蒹所著《西山杂志》称，唐开元年间，晋江东石人林銮，航海到海外诸多国家，招引来番国船舶，番商登陆后，又在所经过的各地，设立驿馆，接待往来番客。按《全唐诗》载，唐天宝年间，曾任起居舍人的江苏进士包何，所作《送李使君赴泉州》诗云："傍海皆荒服，分符重汉臣。云山百越路，市井十洲人。执玉来朝远，还珠入贡频。连年不见雪，到处即行春。""市井十洲人"，说的是泉州有来自海外各地的外侨，"执玉来朝远，还珠入贡频"，说的是在泉州登岸的还有外国使节，带着珍珠等贡物。唐代会昌年间，山西进士薛能，所作《送福建李大夫》诗中句云："秋来海有幽都雁，船到城添外国人”，说明泉州确实是外国商客乐于前来的商埠。唐代，泉州城内胭脂巷，建了供番商集中居住的番坊，亦从侧面证明这期间番商众多。

唐代的泉州，正由于“南海番舶常到”，居住着来自海外的许多国家的商人和使节等。所以，按陈懋仁《泉南杂志》载，为加强对来自海外的使节和商人的管理，泉州设参军事 4 人，负责使节出行导引及沟通。

唐代的泉州，从海路而来的外国人，除了商人和使节外，主要则是传教士。这当中，又以伊斯兰教在泉州的传播最为典型。

伊斯兰教是阿拉伯人穆罕默德创立的。伊斯兰是阿拉伯文的音译，意为顺从与和平，在中国历史上称回教、清真教等，信徒通称穆斯林。公元 7 世纪初，穆罕默德在阿拉伯半岛的麦加创建了伊斯兰教。随后，伊斯兰教迅速扩展，并不断向外传播，最终形成世界性宗教，它与佛教、基督教并称为世界三大宗教。

自唐朝开始，伊斯兰教就通过陆上丝路和海上丝路传入中国。唐朝前期，陆上丝路尚且畅通，大批来自阿拉伯和波斯的使节和商人，纷至沓来，汇聚于京城长安。海上丝路方面，同样是由大批商人及使节，将伊斯兰教信仰带入中国沿海，传播于沿海那些海外交通活跃的城市，并扎根于这些地方。

泉州也是伊斯兰教最早传入中国的城市之一，这已为许多历史遗存所证实。伊斯兰教创立后不久，就已开始传入泉州。泉州城东的灵山上，有座名闻四方的灵山圣墓，就是伊斯兰教石墓，那墓中躺着的两个人，据说乃是伊斯兰教创始人穆罕默德 4 位嫡传高徒中的两位，即三贤与四贤。按明代著名方志学家何乔远所撰《闽书》载，唐武德年间（618—626年），穆罕默德即派门徒 4 人来华传教，一贤到广州传教，二贤到扬州传教，三贤沙士谒与四贤我高仕，莅临泉州传教。穆罕默德教导他们，要把真主的声音传播开去，哪怕是遥远的中国也要去。后来，两人死于泉州，葬于此山。葬后山上屡显灵异，山因此称灵山，墓称圣墓。此说的真假，虽然一直颇有争论，不过，据中国社科院考古研究所专家鉴定，圣墓墓室的石柱，属于南北朝至初唐所流行的梭柱柱式，盛唐以后逐渐少用。由此可推断，圣墓就是初唐时建造的。如此，亦可断定，唐初已有阿拉伯人来泉州传播伊斯兰教。退一步而言，伊斯兰教很早就进入泉州，这圣墓历史悠久，且墓中之人在伊斯兰教中身份较高，应当是事实，所以，灵山圣墓成为国家级文物保护单位，圣墓至今犹存。可以断定，泉州是伊斯兰教从海路最早东来中国的一个传播地。

唐代，有来自印度北部的天竺国的僧人前来泉州弘法。印度僧人智亮，生年不详。据元朝释大圭

灵山伊斯兰圣墓

《紫云开士传》记载：智亮，为正觉智广法门弟子，前来泉州弘法，寓居泉州开元寺东律院，因四时都袒一膊，故称袒膊和尚。后因羡慕泉州德化戴云山幽静可居，常言：身在紫云，显在戴云。于是，移居戴云山，并与师父慈感结庐戴云山修持。智亮长期在泉州弘法，能用汉字写诗。现存两首。一曰："戴云山顶白云齐，登顶方知世界低。异草奇花人不识，一池分作九条溪。"二曰："人间漫说上天梯，上万千回总是迷。争似老夫岩下坐，清风明月与心齐。"传说，智亮能驯服老虎，能降雨祈晴，能预知前途，社会功能类似巫师。某年泉州大旱，郡守询问祈雨事，智亮答称：3 天后会下雨。至期，果然大雨。又传说，某个晋江人梦见智亮对自己说：你改个名字叫陈则，入籍永春，会高中进士。其听命改名，果然登第。智亮居开元寺东律院十余年，唐大中年间圆寂。弟将智亮肉身泥塑于开元寺大殿，为泉州人消灾祈福。南宋绍兴年间，开元寺发生大火，唯独供奉智亮肉身的大殿幸存，人们无不称奇。

唐代，亦有日本僧人和高丽僧人来泉州，学习佛法，研究佛经。日本僧人庆政和大拙祖能等，曾到泉州开元寺学法。高丽僧人增加了衲，来到泉州后，居于福清寺，研究和交流佛法。

五代名港刺桐城

五代时期，群雄蜂起，朝代更迭，实属乱世，不过，泉州僻在东南，偏安一隅，相对比较安宁，加上其他多种因素的作用，海交活动仍甚为活跃，泉州港以刺桐港之称谓扬名海外。

五代，泉州属于闽国。先后主政泉州的王延彬、留从效、陈洪进，为巩固统治，增强经济实力，采取不少有利于社会经济发展的措施。大力促进海外交通发展，积极招引外国商贾，繁荣海外贸易。尤其是王审知的侄儿王延彬，治泉 26 年，成就颇为突出。按乾隆《泉州府志》载：王延彬，袭父亲官位，封于泉州，任泉州刺史期间，境内五谷丰登，屡屡发船往海外，从无发生沉船事故，人们因此称他是招宝侍郎。后晋开运元年（944 年），留从效出任晋江王，进一步拓展海外贸易，招徕海外番商，前来泉州贸易，并鼓励所属各县到南洋各国开展商贸活动，“陶瓷、铜铁，泛于番国”。留从效还派人出使占城。据《清源留氏族谱》载，留从效出身贫寒，深知百姓疾苦，统治泉州期间，以勤俭廉政为要务，又将陶瓷铜铁等番人喜欢的物品，通过海船贩运到遥远的番国，换取金币返回，繁荣了泉州经济，得到百姓称赞。

五代至宋初，主政泉州的王延彬、留从效、陈洪进，为适应泉州海外交通不断发展的需要，又相继斥资扩建泉州城。唐末的泉州城，周围只有3里，设4个城门。五代初年，王延彬首先扩大西城门。南唐保大年间，留从效在唐代的子城外，又扩建罗城和翼城，城门扩大到7个，周长增至20里，为原有城周的7倍，并将城墙增高。北宋乾德年间，陈洪进又扩展了东北面城墙。

留从效扩建泉州城时，还采取一个特殊举措，环城遍植刺桐树。刺桐是由海外传入的一种树，树身高大，花极鲜艳，深受人们喜欢。晚唐时候，泉州已有咏赞刺桐的诗篇。陈陶诗云："海曲春深满郡霞，越人多种刺桐花。"可见，当时刺桐已普遍种植。北宋初年，泉州才子刘昌言，诗文写得很漂亮，初次参加进士考试落第后，曾作一诗，落句云："唯有夜来蝴蝶梦，翩翩飞入刺桐花。"传诵一时。宋初知名文人王禹偁，曾有赠诗云："酒好未陪红杏宴，诗狂多忆刺桐花。"亦传诵一时。五代时，泉州环城植刺桐，刺桐成为泉州标志和代名词，人们将泉州城称为刺桐城，泉州以刺桐港闻名于中世纪。

五代，泉州主政者的积极推动，使泉州海上交通在唐代的基础上，更加发达繁忙，海内外贸易尤其海外贸易亦更加繁荣，泉州与南洋各地、阿拉伯、非洲等地的贸易，逐渐进入繁盛期。泉州城内，店铺林立，货物充盈，商旅云集，熙熙攘攘，甚是热闹，泉州港逐渐成为东方大港，亦是国内海交活动最活跃的地区。

五代，随着海外交通的发展，泉州人出洋经商不断增多。特别是南洋各地，仍是泉州人出洋经商的主要地区。无论是王延彬的屡发蛮船，还是留从效的贩于番国，所指的蛮与番，首先而且是最重要的，即指南洋各国。泉州运到南洋的货物，主要是瓷器、陶器、铜、铁，从南洋运回的物品，主要是金币、珍珠等。这期间，泉州沿海有些百姓到南洋后，生意发展了，有了相当的经济基础，于是，或者与当地异族女子通婚，或者将故乡亲友迁往南洋。按《五代史》载，河南上蔡人刘安仁，晚唐随黄巢起义军入闽，定居于南安后，前往南洋经商，成为当时南安有名的海商。闽国晚期，吏治腐败，泉州人往海外谋生者更多，南洋各地仍是主要目的地。南安人陈匡范，前往南洋经商，成为富商。王延义治闽时，陈匡范当上了国计使，生意更加兴隆，日进斗金，人们羡慕不已。

五代时期，同样有不少外国人来泉州，除经商外，主要是学习或交流佛法。因为，五代的泉州，佛教极为兴盛，闻名遐迩，亦有力地吸引了海外的佛教徒。

泉州开闽三王祠

唐代至五代，泉州佛教发展很快。五代，泉州佛教进入鼎盛时期。当时，南方十国中，唯有闽国和吴越佛教最为兴盛。王氏据闽，极端佞佛，福州而外，则是泉州。王延彬主政泉州，好谈佛理，大肆舍田施财，设坛建寺，扶持佛教可谓不遗余力。因此，泉州崇佛成风，继续大造佛寺，寺院林立，规模空前。唐代至五代，泉州不仅寺院林立，且名僧辈出，开始出现本土大师。禅宗在泉州更是活跃，有许多著名禅师。南安人义存禅师，最为著名，佛学甚有造诣，唐咸通年间，主持当时闽中规模最大的佛寺福州雪峰山广福寺，门徒千人。晚年还归故里，泉州刺史王延彬亦建寺请他主持。弘法数十年。正因为五代的泉州，已是佛寺林立，僧徒众多，所以，当时南安延福寺的无等禅师，就于九日山一大岩石上，刻下了四个极为醒目的大字：“泉南佛国”。这也就是泉南佛国名称的由来。

泉州佛教的兴盛，亦吸引来海外的佛教徒。诸如，义存禅师，弟子遍布国内各地，门下还有外国留学僧。高丽僧人灵照禅师，就是当中一位，得法后返回新罗传法。最为著名者，乃是高丽僧人玄讷。按禅宗经典《祖堂集》载，玄讷从高丽来泉州，随义存禅师学法。玄讷的到来，受到王延彬热情接待，特地在泉州建了座寺庙让其居住，称为福清寺。于是，玄讷就住于福清寺，前后 30 年，研习禅宗，颇有造诣，且有不少弟子，最终圆寂于福清寺。福清寺可以说是中朝人民友好交往的历史见证。

第二篇　举世瞩目

宋元时期，泉州港地位继续不断上升，南宋时已超越广州成为中国最大港口，元代更是跻身东方第一大港，世界最大港口之一。泉州成为宋元中国的世界海洋商贸中心，海上交通发达，海外贸易非常繁荣，呈现出“涨海声中万国商”的空前盛况，中外友好交往频繁，成为中外经济、文化、科技交流的重要门户，名闻遐迩，举世瞩目。

宋元的东方大港

宋元时期，泉州港地位继续不断上升，南宋时已超过广州成为中国最大港口，元代更跻身东方第一大港，成为宋元中国的世界海洋商贸中心，成为中外经济、文化、科技交流的重要门户。这种局面的出现，除了统治阶级重视与扶持外，社会经济发展亦是重要因素。

北宋的建立，结束了五代分裂割据的局面，统一的中央集权封建国家社会秩序相对安定，经济领域的某些变革，大力奖励垦殖的政策，激发了农民的生产积极性，促进了泉州社会生产力的发展。五代以来，中原人民继续大量南迁泉州，加上先前已迁泉州的中原汉民人口的自然增长，亦为泉州农业和手工业发展提供了充足的劳动力。因此，入宋以后，泉州社会经济又有长足发展。

农业方面，耕地面积有所扩大，除继续围海造田外，山区还开辟了大量梯田，以安溪为最多。水利继续兴修，又修筑了不少新的水利工程，诸如陂坝。

推广优良新品种，采用新式农具，耕作技术有较大改进，促进了粮食产量的提高。占城稻因海外贸易发展传入泉州，双季稻种植范围进一步扩大。经济作物普遍种植，种类增多，产量提高，典型者如棉花、甘蔗、茶叶、水果等，都是全国闻名的产品，茶叶更是受到海外各国欢迎的重要出口商品。

手工业方面，除了造船业发达外，纺织、陶瓷、冶铁、制酒、制糖等，发展亦是令人瞩目，丝绸、瓷器、酒等，同样成为海外各国欢迎的重要出口商品。典型者如丝织业。宋朝，朝廷重视和鼓励植桑养蚕，刺激了泉州丝织业的发展，泉州丝织品已与盛产丝绸的四川、江浙齐名。南宋时，泉州市舶使赵汝适在《诸蕃志》中记载，泉州纺织品已远销日本、朝鲜、越南、柬埔寨、印度、斯里兰卡、菲律宾、印尼、马来西亚、坦桑尼亚等国。诸如，北宋崇宁初年，泉州商人李充往日本贸易，所带货物中有3种精美的丝织品：象眼40匹、生绢10匹、白绫20匹。元朝，元世祖诏修《农桑辑要》，大力提倡栽桑种棉。泉州桑蚕丝织业继续发展，生产的丝绸不仅数量多，而且质地优良。元人汪大渊《岛夷志略》记载，当时中国的出口商品，丝织品中有丝、缎、绢、罗、布等50多种。这些丝织品经泉州等港口，运载销往东南亚、东亚、南亚、阿拉伯、非洲等70多个国家。这些丝织品，也有部分是泉州生产的产品。

元朝来中国的摩洛哥旅行家伊本·白图泰说：泉州织造锦缎，亦以刺桐命名。这些丝绸既是外销商品，亦是皇帝馈赠友好国家的珍贵礼品。诸如，元朝皇帝赠送印度摩哈美德王花缎500匹，当中有100匹是在刺桐织造，100匹在汉沙制造。瓷器业也很典型。宋代泉州生产的瓷器，销往南洋各国和日本等地，在南洋各地和日本的出土中均有发现。元代，泉州制瓷业更加发达，按《马可·波罗游记》载：泉州德化烧制瓷杯或其他瓷器，大批制成品在城中出售，一个威尼斯银币可买到8个瓷杯。伊本·白图泰也说：中国瓷器，只在刺桐城和隋尼克兰城制造。系取用当地山中的泥土，像烧制木炭一样燃火烧制。瓷器价格在中国非常低廉，犹如陶器在我国一样，或者更加低廉。这种瓷器运销印度等地区，直至我国的马格里布。这是瓷器种类中最美好的。冶铁业和冶铜业也有长足发展。铜、铁等铸造品是当时的外销商品。按《诸蕃志》等书记载，泉州的生铁、铜鼎、铁针等，远销到南洋三佛齐、佛罗安等地。铜、铁钱更被海外各国视为珍宝而大量外流。社会经济进一步发展，为海外贸易提供了丰富商品。因此，宋元时期，泉州港更加繁荣，地位亦不断上升。

北宋中期，泉州港海外贸易发展迅速，已成为非常繁荣的港口。按方志载，当时的泉州港，诸多番舶停泊，货物堆积如山。这种情景与广州港海外贸易的中衰形成鲜明反差。北宋，泉州港对外贸易的国家和地区达 30 多个。

南宋时期，泉州港海外贸易更为兴盛。建炎初年，朝廷赋予泉州港与两浙路同等地位。南宋时期，泉州港地位始终与广州港相等，发展到非常繁盛阶段。泉州港海上交通航线不断发展，南宋吴自牧所著《梦粱录》称：倘要泛海到外国做买卖，那么，从泉州便可出洋。又说：若想出洋，就从泉州港口至岱屿门，便可放洋过海，通往外国了。曾任职泉州市舶司 20 多年的赵汝适，所著《诸蕃志》中，凡记载中国与南洋诸国、印度、阿拉伯及北非各国的航线距离、日程、方位，大多以泉州为基准。该书记述泉州港到占城、真腊、凌牙门、阇婆等地航行时间，福建商人与南洋诸国经商贸易盛况。泉州港海上交通航线有泉州至占城，泉州至三佛齐、阇婆、渤泥，泉州至菲律宾，泉州至朝鲜、日本，泉州至印度及阿拉伯，泉州至东非、北非等航线。国内航线有泉州至广州，泉州至澎湖、台湾，泉州至浙江，泉州至江苏、山东等航线。南宋，泉州对外贸易的国家和地区达到 50 多个。

元朝，泉州港地位远超广州，成为全国最大港口乃至世界著名港口。元代的泉州，对外贸易的国家和地区更是增加到 90 多个，航迹所及范围，东至朝鲜、日本，南通南洋诸国，西达印度、巴基斯坦、阿拉伯和东非。所以，泉州港在世界海上贸易的地位不断升高：中国第一大港，东方第一大港，世界最大港口之一。泉州在海内外的知名度，也上升到一个新的高度。

泉州后渚港沿海

1974 年，泉州湾宋代古船重见天日，从出土异域香料、药物等判断，这应是一艘满载着货物回泉州港的沉船。因此，它亦向世人展示海上丝绸之路的辉煌过往、宋元泉州“涨海声中万国商”的繁荣景象。

2021 年 7 月，“泉州：宋元中国的世界海洋商贸中心”申遗成功，世界遗产委员会一致决定将泉州项目列入《世界遗产名录》，充分体现了世界遗产委员会对泉州作为宋元中国杰出的对外经济和文化交流窗口、海上丝绸之路重要节点以及世界海洋商贸中心港口杰出范例所具有的突出普遍价值的高度肯定，也充分体现了国际社会对泉州项目在推动文明交流对话、促进可持续发展、构建人类命运共同体方面所具有的现实意义和历史价值的高度认同。

水门巷的市舶司

宋元时期，泉州港地位不断提高。泉州市舶司的设置，无疑是个重要标志，它既是泉州海外贸易繁荣的产物，是朝廷鼓励和支持海外贸易的体现，反过来亦进一步推动了泉州海外贸易的发展，海丝盛况空前。

宋元时期，朝廷为了缓解财政困难，增加官府收入，同时也为了获取更多香料、珍宝、药物等物品，供达官贵人们享用，采取各种措施，积极鼓励海外贸易，实行对外开放政策。

北宋时期，西部少数民族政权兴起，战事连绵不断，阻断了传统的中西交通要道陆上丝路，对外交往贸易进一步转向南方海路。北宋建立后，随着政权巩固，朝廷开始采取鼓励对外贸易政策，甚至派遣使臣到海外招引番商来华贸易。据《宋会要辑稿》载，太宗雍熙初年，朝廷派遣内侍 8 人，携带敕书、金帛，分为 4 组，分别前往南洋各国，招引船商前来进行贡舶贸易，大量购买香药、犀牙、珍珠、龙脑。

每组成员带着没有标明接受对象的空白诏书三道，于所到之处赐予。所谓贡舶贸易，就是海外各国遣使来贡献方物，来使可受到不同规格的接待，货物按规定抽解后，由政府包买。两宋时这类贸易数量很大。北宋政和年间，福建市舶司亦发给刘著公凭，前往罗斛、占城两国，宣说大宋皇帝贡舶贸易通告，鼓励两国运载宝货来宋朝进行贡舶贸易。

泉州市舶司的设置，亦是北宋发展海外贸易的重要举措。市舶司是专管进出港口的船只和货物，以及中外海商和贸易税收的政府机构，相当于海关。市舶制度起源于秦汉。当时，广东已发展为海上贸易中心，中国海舶携带丝绸和黄金等货物，扬帆出海与东南亚和南亚各国进行交易。海外贸易管理大多由地方官负责。南朝时，海外贸易大多也由地方官管理。三国两晋南北朝时，国内虽分裂割据，但仍继续海外贸易，外国船只到广州更多。广州海外贸易由广州刺史或南海太守兼管。唐初，海外贸易仍由地方官管理。唐代中期，海外贸易更加兴盛，秦汉以来由地方官兼管海外贸易的体制已不能适应，要求设立专职机构加强管理。唐玄宗登基后不久，开始在广州设立专管海外贸易的机构，即市舶司。唐朝，泉州设参军事 4 人，负责管理出入泉州的使臣和商人。五代时，统治泉州的王延彬、留从效、陈洪进，重视海外贸易，为加强管理，设立榷利院。榷利院是主管市舶机关，可以说是宋元泉州市舶司的前兆。

北宋初期，朝廷仅在广州、杭州、明州设置市舶司，泉州商人到海外贸易，须到广州或两浙市舶司，申请官方发给的凭证，这给泉州商人带来许多不便。北宋中期，泉州港海外贸易发展迅速，这与广州港海外贸易中衰正好相反。因此，宋哲宗元祐二年（1087 年），朝廷在泉州正式设立市舶司。此后，泉州市舶司与广南市舶司、两浙路市舶司并称三路市舶司。市舶司首长称提举市舶，初由转运使兼任，后朝廷派员专任。

市舶司的主要职责是：负责对番货海舶进行检查，防止走私；办理海舶出海和返航手续；对海舶抽取额定货税；收购和出售进出口货物；接待和管理外国来华使节和商人等。北宋神宗时颁布《市舶法》，注明船舶出海与回航的手续办理和规范，市舶司根据商人所申报货物、船上人员及要去的地点，发给公凭，亦即出海许可证；派人上船进行检查，防止夹带违禁物品等；查看回港船舶的有关情况；对进出口货物实行抽分制度，即将货物分成粗细两色，官府按一定比例抽取若干份作为税收等。

南宋建炎初年，朝廷又颁布命令，赋予泉州市舶司与两浙路市舶司等同地位，并拨付 10 万贯钱的专款，作为市舶本钱。孝宗乾道初年，朝廷又专门下了道诏书，诏令从税收中抽出 25 万贯钱，充作抽买乳香等物的本钱，进一步扩大泉州港的对外贸易活动。

元朝，朝廷亦重视对外贸易，采取各种鼓励措施，并沿袭宋制，仍于泉州设置市舶司。元世祖忽必烈，竭力争取向来主张开展海外贸易的泉州阿拉伯后裔巨商蒲寿庚，授予要职。随后，元朝设置了泉州等 4 处市舶司，申明开展海外贸易及善待番商政策，加封泉州海上女神妈祖为天妃，鼓励沿海百姓从事海外贸易。元朝所设的杭州、庆元、广州、上海、温州、澉浦、泉州等 7 处海关中，泉州市舶司居于特别重要的地位。按《元史》所载，至元十八年（1281 年），朝廷规定：中外互市商船的货物，已经泉州征税，销往别的地方，各地不得再征税。至元三十年（1293 年），朝廷又下令：各地市舶司，全部依照泉州做法，抽分之外，收取货物价值三十分之一，作为税收。大德三年（1299 年），朝廷建造泉州至杭州海关水站，自泉州发舶，上下递接。如此，泉州成为连接海内外的一个最为重要的交通枢纽港口。

市舶司的设立，使泉州港成为正式对外开放港口，本地或外来船舶，无需再经广州市舶司验关，即可入港贸易或装货放洋。这个政策，使得泉州海外贸易进入高度繁荣期，影响甚为深远。

水门巷泉州市舶司遗址

泉州市舶司位于水门巷，遗址今犹在，衙门内建有清芬亭，旁边有泉州百姓为纪念市舶司提举胡长卿的胡寺丞祠。泉州市舶司作为泉州古代的外贸管理机关，见证了泉州宋、元、明三朝海上贸易之兴衰。

九日山祈风石刻

宋元时期，朝廷鼓励和支持对外贸易，泉州地方官员亦积极响应，采取不少切实的鼓励措施，祭海与祈风，就是两项颇为特殊的重要行为。南安丰州九日山上至今仍保存完好的 10 多方宋代祈风摩崖石刻，就是很好的历史证物。

宋代泉州的地方官员，何以要祭海和祈风?

一是对季风的崇拜。古代木帆船时代，船舶在海上航行，主要靠风力，利用风帆和随季节变化的季风，依靠夏天和冬天两季的信风为动力。泉州地处太平洋西岸，属太平洋季风区，每年农历四、五、六月刮西南季风，番舶或贩外海舶可从南海扬帆顺风驶入泉州港。每年农历十、十一、十二月刮东北风，泉州港的番舶或贩外海舶，乘东北季风扬帆出海，南下南洋群岛，或从南海再远航印度、波斯、阿拉伯、非洲。这就是所谓“北风航海南风回”。然而，大海变幻莫测，有时风信不顺，船舶就无法依时往返。航行于海上的人们，无不渴望季风如期，渴望季风安宁，这种强烈的渴望，几乎到了对季风崇拜的程度。古人相信，季风的支配力量是神灵。因此，商民祭神祈风习俗由来已久。

二是重视海外贸易。宋廷南渡，财政拮据。泉州港成为空前繁荣的海外贸易通商港口，它与广州都被视为天子之南库，是重要的财政收入来源。所以，上自朝廷，下至泉州知州，都十分重视泉州的海外贸易。

宋代泉州地方官员重视祭海与祈风，正是为了表示对海外贸易的重视。南宋时期，两次出任泉州知州的真德秀，在所撰《祈风文》这样说：泉州作为一个州，能够满足官府和百姓开销的银钱，必须依靠海外番舶。番舶能不能依时前来，靠的是季风。而能够使季风平顺不会导致船舶发生危险的力量，则是神灵也。所以，国家有祭祀典礼，作为管理地方的臣子，每年亦要举行祷告。真德秀这段话，基本道出了祭海与祈风的动机。

泉州提举市舶官员和郡守常年组织祭海和祈风典礼。祭海和祈风于每年夏冬两次举行，夏季通常是在农历四月，称为回舶祭海，或祷回舶南风，冬季通常为农历十月，称为遣舶祭海，或遣舶祈风。祭海，是在东海法石街真武庙祭祀海神玄天上帝请求保佑，祈风，则是向南安九日山下昭惠庙中的海神通远王祈求海舶顺风。

玄天上帝，亦称真武帝君，是海神家族中的重要一员。玄天上帝如何成神，民间有多种说法，较为盛行的说法是：它原是净乐国国王的太子，后去道教圣地武当山修炼，功成之时，白日飞升，威镇北方，号玄武君。玄天上帝，既是天宫二十八宿中的北方神，又是水神和海神，并兼任冥王死神，后被道教所崇祀，并与青龙、白虎、朱雀合称为四方四神。可见，玄天上帝自诞生以来，都是作为海神、水神和地方守护神而存在。

泉州人供奉玄天上帝的地方，是在滨海的法石真武庙。真武庙建于石头山高坡上，枕山面海。古代的真武庙，面前尚是一片汪洋，登临此处远眺，可见晋江东流入海，波浪滔天，风帆如织。真武庙山下的法石港，位于晋江出口处，是江海交汇的港口，也是中外商人汇聚之地。从北宋到南宋前期，为祈求商舶往返平安的祭海，就在真武庙举行。泉州知州每年两次到此举行祭海仪式，祈祷玄天上帝保佑海舶平安，感谢玄天上帝的恩德。现存真武庙系清道光年间所建，占地面积 50 余亩。

宋代泉州祈风，是在南安九日山下昭惠庙举行。九日山，在泉州城西郊，属南安丰州镇，位于晋江下游北岸，距泉州城 7 公里。晋江流经山前，山水秀丽，是唐宋时期有名的风景区。唐代名贤秦系、姜公辅及诗人韩偓等，先后隐居寄迹于此。西晋太康年间，闽南最早的佛教寺院延福寺，兴建于九日山。唐咸通年间，延福寺重建，僧人往永春乐山求取木材，途中遇一白须老翁指点，寻得木材。当晚，又梦见老翁应许将木材运送到延福寺。果然，没过几天，江水暴涨，运载木材的船只顺流而下，直抵目的地，有如神助。因此，大殿建成后取名“神运殿”。另外，又建一殿祭祀乐山白须老翁，取名“灵乐祠”。后来，善男信女遇到水旱瘟疫，或者航海贸易等事，亦来灵乐祠祈求，有求必应。迨至北宋，灵乐祠因为灵验，主神被封为“通远王”，庙宇称为“通远王祠”，后又改名“昭惠庙”。宋代泉州人王国珍说：泉州人因通远王恩德甚多，所以，无论富贵或贫穷家庭，皆塑像奉祀，争先恐后。航行海外的船舶，更是极为崇拜。而通远王亦不负泉州人所望，热情充当海上保护神。每当海船遇到艰难险阻，通远王总能化危为安，波涛汹涌的大海，变得风平浪静。航海的人们，绝大多数都得到过通远王的庇佑。宋代，晋江江面甚为开阔，且河底甚深，船舶可溯江而上，直抵九日山下，登山游览，祈风祭神。

宋代九日山祈风祭典仪式，大多由泉州市舶司主持。参加祭典的官员，除市舶司官员外，尚有知州、南外宗正司、地方军事长官等，人数众多，场面非常隆重。这也表明，海外贸易在泉州港的重要性，得到了各方面普遍认可。典礼之后，又有市舶司和州府官员撰写纪念文章。王十朋、真德秀等人，都撰写过相关文章。同时，又有刻石记事。九日山现存祈风石刻 10 方，最早是南宋淳熙元年（1174 年），最晚是咸淳二年（1266 年），历经南宋孝宗、光宗、宁宗、理宗、度宗 5 朝皇帝，跨度近百年。这些石刻，国内独一无二，是极为重要的海外交通历史遗迹。1991 年，联合国教科文组织来泉州进行海上丝绸之路考察，考察队曾在此勒石纪念。

九日山祈风摩崖石刻

远航番国的商船

宋元时期，泉州商船扬帆出海，沿着海上丝绸之路，前往亚洲和非洲各国，把丝绸、棉布、瓷器、铁器等物品运载出海，换取香料、犀角、药物等番货及白银，成为海丝的重要支撑者。

东亚的高丽和日本，是宋元时期泉州重要贸易对象。中国与朝鲜是唇齿相依的邻邦，泉州与朝鲜有着悠久的友好往来和通商贸易的历史。宋朝与朝鲜半岛高丽王朝的陆路交通为辽、金所阻隔，双方往来主要通过海路。泉州是宋朝与高丽海上交通的重要港口，许多泉州商人直航高丽。高丽政府对宋朝商人热情欢迎，安置于专门宾馆，对宋朝商人运去的货物，常以当地特产数倍返还。因此，泉州商人趋之若骛，常常成群结队到高丽。按《高丽史》载，北宋中后期，前往高丽的泉商，共有16批，最多1批达150人。粗略估计，北宋到高丽的泉商有上千人。泉商运往高丽的货物，主要有绫绢、锦罗、白绢、金银器、瓷器、茶、酒、钱币，带回的货物主要有金、银、铜、人参、毛皮等。元朝，泉州与高丽仍有往来。中国与日本也是一衣带水的邻邦，泉州与日本的往来历史悠久。北宋，泉商李充两次到日本贸易。据日本古代典籍《朝野群载》载，李充从泉州带去的货物，主要是丝织品和瓷器，丝织品有象眼4匹、生绢10匹、白绫20匹，瓷器有瓷碗4000件，瓷碟2000件。北航到明州办理出境手续，由两浙路市舶司发给公凭，然后航抵日本。李充去日本贸易的公凭，至今仍保存在日本。

宋元时期，中南半岛主要国家有交趾、占城、真腊、暹罗、蒲甘等。这些国家与泉州有密切交往，亦是泉州商客前往的主要地区。交趾在今越南北部，秦汉以来，中国均在此地设郡县，唐设安南都护府。宋初，交趾自立，又与福建保持交通贸易。宋朝，许多泉州商人到交趾，受到交趾统治者的欢迎。占城在今越南中部，是中国与海外国家贸易的中转基地，泉州很多商人到占城。北宋时，泉州商人邵保，自己先到占城贸易，后又招募人到占城贸易。南宋时，泉州有许多海商前往占城。元朝，泉商到占城贸易仍往来不绝。占城出产象牙、香料、黄腊、犀角等，泉商运去瓷器、色布、绢扇、漆器、金银首饰等，与占城商民交换。真腊，今柬埔寨。真腊是宋元时期中南半岛大国，宋朝时与泉州有贸易往来。按《诸蕃志》载：从泉州放船到真腊，顺风季节，几日可到达。元朝，泉州与真腊仍有贸易往来，周达观《真腊风土记》载，泉州的青瓷器销往真腊。暹罗，今泰国，又称罗斛。泉州两义士孙天富、陈宝生，亦到罗斛经商。蒲甘，今缅甸。按《岛夷志略》载，元朝，泉州商人运去金、银、五色缎、白丝、青白瓷器等，换取蒲甘的大米、黄腊、木棉、细布匹等。

宋元时期，南洋群岛的马来半岛，印度尼西亚群岛的三佛齐、阇婆、渤泥、古里地闷，菲律宾群岛的麻逸、苏禄等地，亦是泉商经常前往的地方。马来半岛包括佛罗安、登流眉、单马令、凌牙斯加、凌牙门、彭坑、吉兰丹、丁家庐等。按《诸蕃志》和《岛夷志略》载，宋元时期，泉州与这些地区有贸易往来。宋朝，泉商往三佛齐贸易，先至凌牙门销售部分货物，再往三佛齐。三佛齐是宋代东南亚强国，位处南海诸番水道要冲，来自泉州的商品，大多运到三佛齐集散中转。三佛齐与泉州关系密切。莆田西天尾镇，有块南宋绍兴年间的《祥应庙碑记》，碑文记载：莆田城北祥应庙，庙中神祇甚灵，泉州纲首朱舫，船往三佛齐，亦到祥应庙恭请神灵香火，虔诚供奉。船行顺利且迅速，往返不到一年，获利百倍，前往外番经商商人，皆未曾有这种成就。按《宋史》载，三佛齐曾向宋朝要求购买铜瓦3万片，朝廷诏令泉州和广州官员督造交付。宋代，阇婆亦是泉商驻泊的重要港口。阇婆统治者为促进对宋贸易，积极招徕宋商，泉州商人接踵而至。元朝，阇婆改称爪哇，泉州人往爪哇者不少。渤泥，今文莱。古里地闷，今帝汶岛。元朝，泉州与古里地闷常有商贸往来。麻逸，在今菲律宾。宋朝，泉州商船先抵渤泥，再北上往麻逸贸易。元朝，泉州开辟了经澎湖至琉球再到麻逸的新航线，双方交通往来更方便，贸易兴盛。苏禄，在今菲律宾。据《岛夷志略》载，元代泉州商人用赤金、八都剌布、青珠、瓷器、铁条等与苏禄交换降真、黄腊、玳瑁、珍珠等。

宋元时期，泉商亦前往南亚、西亚诸国，甚至非洲。南毗，在今印度。12—13世纪，南毗国力强盛，商业发达，是东西方海上贸易中心。细兰，今锡兰，元朝称僧加剌。盛产猫儿眼、红宝石、红玻璃、青红珠宝、珊瑚等，与泉州有贸易往来。大食的阿巴斯王朝，领土相当于今天伊朗和阿拉伯半岛。泉州与阿拉伯友好往来，唐朝已开始。宋元时期，有泉商到阿拉伯经商。从《诸蕃志》和《岛夷志略》可看出，宋元时期，泉州与非洲有贸易往来。北非埃及福斯塔特出土有德化白瓷，坦桑尼亚基尔瓦岛大清真寺遗址出土有德化白瓷等。

可见，宋元时期，前往海外从事商贸活动的泉商，北走朝鲜和日本，南走南海，西走印度洋和波斯湾，航迹遍及东亚、中南半岛、马来半岛、印度尼西亚群岛、菲律宾群岛、南亚、西亚、非洲，开辟了许多贸易口岸，成为海丝繁华的重要支撑。

奉祀海神的泉州真武庙

出洋的友好使者

宋元时期，前往海外的泉州人，亦有许多是中外友好的使者。这当中，既有奉朝廷之命的使节，亦有不少是前往海外经商的商客。这些人在发展中外友好关系方面作出了突出贡献。

东亚的高丽国，是宋元时期泉州重要交通对象。泉州商人不但与高丽进行经济贸易，而且注意发展与当地政府的关系，在宋朝与高丽的政治、经济、文化交流中，起了积极作用。宋朝对高丽的外交，除传统的海外来贡需求外，尚带有借高丽之力共同对付辽国的战略意图。宋神宗即位后，又积极地实行联合高丽反对辽国的策略。泉州海商在这种特殊的外交活动中起了积极作用。北宋熙宁元年（1068 年），宋朝派泉州海商黄慎赴高丽，转达神宗的通交意图。熙宁二年（1069 年），泉州商人傅旋，亦到高丽传达宋朝交往之意。熙宁三年（1070 年），宋朝再派黄慎出使高丽，得到高丽积极回应。翌年，高丽遣使到宋朝，从而开始了宋朝与高丽外交往来新局面。

南宋建炎初年，两浙安抚使叶梦得，委托泉州大商人柳悦和黄师舜，前往高丽经商时打听金朝动静。高丽王朝通过宋朝商人延请宋朝文人、工匠、医师等，前往高丽供职和传艺，泉州商人在这当中亦发挥了不小作用。按《续资治通鉴长编》载，熙宁八年（1075年），泉州商人傅旋持高丽礼宾省帖，乞借乐艺等人。按李心传《建炎以来系年要录》载，有的泉州海商为高丽购买中国图书，雕造经板，促进文化交流。泉州海商徐戬，就是当中一位。元祐初年，他先是接受高丽付给的钱物，于杭州雕造《夹注华严经》近3万片，载往高丽，两年后又载高丽僧统义天门下侍者5人，携带义天祭文来杭州祭奠泉州籍僧人净源。高丽王朝对于到高丽的宋朝商人，暗中测试才能，诱以官职，使之留居终身。有多名泉州人在高丽为官。泉州人刘载，随商船往高丽，高丽睿宗时，官至尚书右仆射。高丽显宗时，泉州海商欧阳征被封为谏官。高丽文宗时，泉州商人肖宗明掌管传宣引赞之事。元朝，泉州与高丽友好往来仍未中断。

宋朝，前往占城的泉州商客，表现亦甚为突出。南宋时，到占城的泉州商客有陈应、吴兵、王元懋等。纲首陈应，前往占城，除贩运自己的货物外，回来还载有占城朝贡的乳香和象牙，以及随同前来朝贡的使者。按《宋会要辑稿》载，乾道三年（1167年），福建市舶司称：本土纲首陈应等，此前到占城，占城番首声称，欲派遣使者带乳香和象牙等物，前来宋朝进贡。现在，陈应等人的 5 艘船，从占城返回，除了自己贩运的货物外，都载有占城朝贡的乳香和象牙等物，以及随同前来朝贡的使者。纲首吴兵，载运占城进奉物到泉州，有白乳香、混杂乳香、象牙、附子沉香等，数额甚大。泉州商人到占城贸易，与当地官民建立了友好关系，在发展两国友好关系中起了中介作用。有些泉州商人寓居占城，并与当地妇女结婚。按《夷坚志》载：泉州人王元懋，在寺院里长大，边做杂役，边师从僧人学习番语和番国知识。后随商舶到占城，因精通番汉文字，深得占城王宠爱，请他当馆客，并将女儿嫁给他。他在越南 10 年，积累百万缗，遂成为大海商。王元懋还让吴大为纲首，率领 38 人，泛海到占城经营，前后 10 年。

宋朝，前往暹罗的泉州人，亦为发展宋朝与暹罗的友好关系作出了贡献。暹罗，今泰国，旧分暹与罗斛两国。北宋时，暹罗派使臣到宋朝，与宋朝建立友好关系。按《宋会要辑稿》载，北宋政和年间，宋朝在泉州恢复市舶司，特派刘著等人，扬帆出海，前往罗斛国和占城国，宣说宋朝皇帝的诏令，要求将当地的珍贵物品运来宋朝，作为朝贡贸易之物。南宋后期，暹罗国王曾慕名招徕中国工匠，泉州工匠踊跃应聘。据晋江《磁灶吴氏族谱》载，磁灶吴氏族裔，曾有多人应聘，泛海到暹罗传授工艺。13 世纪中叶，暹罗国势渐盛，积极发展与元朝的友好关系，多次遣使朝贡。元朝与暹罗国常有使节往来。按贡师泰《玩斋集》载，泉州德化县尹杨秀，原为宋市舶司官员，降元之后，曾奉命出使暹国，努力促进元朝与暹罗发展友好关系，继续维持朝贡关系。

新加坡安溪会馆

宋元时期，有泉州人奉命出使南亚和西亚，为发展中国与南亚和西亚的友好关系作出了贡献。诸如，南毗。元朝，南毗称马八儿，与元朝保持友好关系。泉州是两国友好往来的重要门户。按《元史》载：元朝初年，杨廷璧出使俱兰国，从泉州出海，到马八儿国，受到热情接待。泉州永春人尤贤，充任元廷使节，出使马八儿国。按《闽泉州吴兴分派卿田尤氏族谱》载：族裔尤贤，原为南宋官员，元初投降元朝，授虎符，招威将军、管军万户，几年后入大都觐见元世祖。后被授予占城、马八儿国宣抚使，奉旨招谕，航海超过一年，方才到达马八儿国，在那里宣扬元朝皇帝威德，人们从风而靡，后又乘船返回。又如，波斯。泉州与波斯的友好往来，唐朝已经开始。宋元时期，有泉州人奉命出使波斯。元大德二年（1298 年），泉州人奉使霍尔木兹，蒙波斯哈赞大王特赐七宝货物呈献朝廷，归家后 5 年，卒于泉州，墓碑今犹存。

留居海外的泉客

宋元时期，前往海外各国的泉州人，尤其是前往东南亚各地的泉州人，亦有不少人最终留居当地，开基繁衍，成为最早的华侨。这些人亦为当地经济文化发展及促进中外友好关系作出了不小贡献。

新加坡永春会馆

安南最为典型。安南即今天越南，是宋元时期泉州人频繁往来的一个地方，有大量泉州人前往。宋朝时期，两位泉州人甚至先后成为安南国王，一位是北宋初年的李公蕴建立李朝，一位是陈日照继李朝之后建立陈朝。这两位都是晋江安海人。安海李公蕴家族和陈日照家族，皆以长期到安南贸易而著名。李公蕴和陈日照，都是先往安南贸易，定居成为安南华人，因能力出众，又对当地社会有突出贡献，因而做了安南官员，最后登上了王位。按沈括《梦溪笔谈》载：北宋大中祥符初年，安南人共推闽人李公蕴为王。李公蕴，早年随兄李淳驾船往安南经商，侨居安南，曾任安南国殿前指挥使。他因平定叛乱有功，在皇帝驾崩后被朝臣拥立为安南国王。公元1009年，李公蕴登基，开创了越南李朝，前后存续216年，直到1225年。李公蕴登上皇位后，就派遣使者入贡宋朝。因此，宋真宗册封他为交趾郡王，宋真宗之子宋仁宗又封他为南平王，后追谥为交趾国太祖武神皇帝。李氏王朝传至9代，时任国王没有子嗣继承，遂将皇位交由驸马陈日照。按蔡永蒹《西山杂志》载，陈日照是安海陈厝坑人，世代居海湾，自行前往安南经商，深得安南百姓赞誉，声望甚高，成为安南李朝驸马，并于1225年成为国王，开创了安南的陈朝时代。陈朝存续175年，直到1400年。陈日照登基次年，亦派遣使者入贡宋朝。10年后，再次派使者入贡。于是，南宋朝廷册封陈日照为安南国王。20世纪90年代末，晋江安海发现了一本《李代房谱》，当中有不少关于李公蕴及安南李朝的情况，内容与史籍所载基本相符，因而应该是可信的。综上所述，安南自李公蕴建立李朝开始，历 9 世至昭圣公主执掌国事时，陈日照一揽大权，李朝逐渐演变为陈朝。李公蕴和陈日照，都是通过海丝贸易于安南的泉州海商，随后侨居当地，并逐步建立自己的朝廷。他们的事迹是宋元时期泉州海丝贸易蓬勃发展的重要证明。

宋元时期泉州人留居海外，印度尼西亚群岛的爪哇，亦较为典型。宋代，阇婆亦是泉州商舶经常停泊驻留的重要港口。元朝，阇婆改称为爪哇，泉州有不少人前往爪哇。元朝统治者曾先后 9 次渡海用兵。元至元三十年（1293 年），元世祖发兵两万，战船千艘，远征爪哇，正是从泉州后渚港启程。当时，泉州沿海许多人被招募为水手、兵勇。后来，元军损兵折将，无功而返，被招募的泉州人，有不少兵士留居当地。例如，爪哇的勾栏山，就是元朝兵士滞留居住地。元人汪大渊《岛夷志略》称：爪哇勾栏山，有一百多患病的元朝士兵留居山中，目前，唐人与番人混杂而居。荷兰人所著的《爪哇土地和民族》称：公元 9 世纪至 11 世纪，在爪哇的福建人甚多。根据考察证明，福建人开基爪哇，比起广东人要早。元世祖遣史弼南征爪哇时，子弟兵多为闽南籍，后来落居爪哇者很多，繁殖的后代也多。曾经跟随郑和出洋的巩珍，在所著的《西洋番国志》中也说，在爪哇东部的杜坂，亦即华侨称之为厨闽的地方，约有千余户人家，很多来自福建和广东。元代周致中所著《异域志》亦称，元朝泉州与爪哇杜板之间，每月有定期船舶往还。流寓于杜板的福建漳泉人，以及广东人，人数非常多。明代马欢所著《瀛涯胜览》，也有类似记载：爪哇杜坂，番名赌班，实则是地名。这个地方大约有千户人家，当中有许多是中国广东人和福建人逃居来到这里。

除了爪哇外，印度尼西亚群岛的三佛齐、渤泥、古里地闷，宋元时期亦有不少泉州人留居。马欢《瀛涯胜览》，亦有记述闽粤人移居三佛齐情形，称有很多广东人和漳泉人逃到这个地方，并且居留于此。渤泥，今文莱。宋代，泉州与渤泥关系密切。1972年，文莱有个穆斯林公墓，发现一块南宋汉字墓碑，上面刻有：宋泉州判院蒲公之墓，景定甲子，男应、甲立。景定甲子年，亦即南宋景定五年（1264年）。据庄为玑教授考证认为，从这个碑文推断，为这位卒葬于此地的判院蒲公立碑的两个儿子蒲应、蒲甲，应该是定居文莱的泉州蒲氏家族裔孙。古里地闷，今帝汶岛。元朝，泉州与古里地闷经常有商贸往来，泉州吴宅有许多人到古里地闷定居。按《岛夷志略》载：昔日泉州吴宅，发往古里地闷的船舶，载人不少，百多号人，到古里地闷贸易。贸易完毕，大部分人已经死亡，遗留下来的人，大多羸弱乏力，无法再驾船随风返回泉州，只好留居于此。

宋元时期，菲律宾群岛的苏禄，亦是泉州人留居较多的地方。据晋江《朱里曾氏房谱》记载：南宋咸淳年间，晋江苏观生先生二世孙苏光国，随泉州亲戚往苏禄国谋生，留居于此，首开苏厝迁徙南洋番国的记录。晋江温陵董氏家族，按家族所修《温陵沙堤分派永宁宗谱》载，宋末元初，族裔董柳轩，前往吕宋大明街，开基繁衍。

登陆澎湖和台湾

澎湖和台湾，自古属于中国领土。宋元时期，泉州百姓，不畏艰险，扬帆出海，澎湖和台湾亦成为重要的登陆地。泉州人前往澎湖和台湾愈来愈多，对于澎湖和台湾的开发，作出了突出的贡献。

台湾，孤悬于海上的岛屿，原来人口极为稀少，直至宋元时期，有着 3.6 万多平方公里土地且有不少可供开垦耕种的美丽宝岛，人口仍然不多，比之于对岸的福建大陆尤其是人口非常稠密的泉州地区，真可谓是个地广人稀的地方。泉州人移居澎湖和台湾，有确切文字记载者，当是从宋代开始。

宋元时期，泉州人东渡台湾海峡，迁移到澎湖甚至台湾的越来越多。这种情况的出现，除了地狭人稠矛盾愈益突出，海上交通更为发达，澎湖和台湾距离泉州很近这种有利的地理位置外，还有一点颇为重要，就是行政与军事隶属关系。北宋元祐年间，泉州设立市舶司，专管海外贸易，澎湖成为福建与海外贸易的中转站，以及闽台两岸互市的枢纽。明人何乔远《闽书》称：澎湖倘有发生争讼，必须到晋江县判断。每年从泉州出发到澎湖贸易的商船有数十艘，澎湖成为泉州财货的出纳地。元代，元朝政府在澎湖设巡检司，隶属于泉州晋江县管辖，并在那里驻扎军队，征收盐课。这种特殊关系，亦较有利于泉州百姓登陆澎湖和台湾。

澎湖群岛有大小岛屿几十个，分布于台湾岛以西及西北浅海地带，位于泉州到台湾中途，亦是泉人入台的前站。泉州沿海渔民及从事海外贸易的商人，最早发现了澎湖列岛，并加以利用。宋朝，澎湖列岛已有不少泉州人。他们由捕鱼、避风、短期停留，而寄居、定居，进行耕垦放牧。澎湖终于成为泉人聚落繁盛之地，既发展农牧业和渔业，又成为海外贸易的港口和转运站。近几十年来，台湾学者在澎湖群岛发现的大量宋元陶瓷，产地很多出于泉州，尤其晋江、安溪、德化等地，亦是佐证。明代陈懋仁《泉南杂志》载，汪大猷知泉州时，泉州人在澎湖种植粟、麦、麻。为防御毗舍耶人袭扰，汪大猷派军队定期屯戍，又在澎湖造屋二百区，留屯水军，使毗舍耶不敢再来骚扰。这一切表明，宋时泉人已入澎湖开发，且政府已派军队屯戍，造屋居民。学者根据造屋二百区推测，宋代居住澎湖的移民人数当在千人以上。连横的《台湾通史》称，当时澎湖居民已有 1600 余人。也有学者认为，澎湖实际人口远不止此，当在5000人到6000人左右。

元代，泉州移民进入澎湖聚居繁衍，人数更多。元顺帝时，江西南昌人汪大渊附搭海船，从泉州出发，游历南洋各国。回国后，根据耳闻目睹的情况，写成《岛夷志略》一书，比较全面且真实地介绍了澎湖和台湾的情况。书中称澎湖：共有36个岛屿，自泉州放船，顺风的话，两昼夜可抵达。有草无树，土壤贫瘠，不适宜种植水稻。泉州人在岛上建茅屋，作为住所。每年大部分时间气候温暖。风俗淳朴，人多长寿。男女穿长布衫，用土布制作。煮海水为盐，酿谷物为酒。捕捉鱼虾，采拾螺蛤，补充食物。出产胡麻、绿豆。山羊繁殖甚快，每群竟有数万只，各家以烙毛刻角为记号，昼夜都不驱赶回家，让其自然繁衍生息。手工业和商业颇为繁荣，百姓从中获得利益。该地隶属泉州晋江县。至元年间设巡检司，征收盐课。可见，该书所记澎湖情况非常详尽，说明泉州人在澎湖开发和定居已有多时，主要从事渔业、畜牧和农耕，也有从事工商业和外贸活动。元朝政府则在澎湖设立行政机构巡检司，行使管辖权。

至于台湾本岛，泉州人最早徙居岛上，有确切文字记载的也可追溯到宋代，北宋末南宋初，泉州德化县城郊宝美村的苏氏族人。据《德化使星坊南市苏氏族谱》载，南宋绍兴年间，该家族七世祖苏钦为本家族族谱所撰写的序文称：苏氏家族族人，分居于仙游南门、兴化涵头、泉州、晋江、同安、南安塔口、永春、龙溪、台湾，散居各处。苏钦是北宋宣和年间进士，官至利州路转运判官。该谱序既然撰写于南宋初年，那么，族人徙居于台湾的时间，当可往前推溯至北宋末年甚至更早。这也是福建各姓族谱中家族族人移居台湾的最早记录。此外，泉州《德化上涌赖氏族谱》中，也记载宋代时已有族人徙居台湾。宋末，许多加入抗元义军的泉州人，败亡后进入台湾、澎湖，台湾诸多族谱中均有记述，如闽南赵姓、黄姓等。连横《台湾通史》称：历经五代，终及南宋，中原板荡，战争未息，漳泉边民渐来台湾，而

中国闽台缘博物馆

以北港为互市之口，因此，台湾旧志有台湾又名北港的说法。不过，宋代泉州人移殖台湾，还是零星的，小规模的，所以史志记载不多。

元代，元朝廷设澎湖巡检司，隶属泉州路晋江县，泉台关系进一步密切，泉州移民澎湖人数大增，进入台湾亦有所增多。泉州永春《岵山陈氏族谱》、泉州南安《丰州陈氏族谱》、南安石井《双溪李氏族谱》中，均发现有元代族人迁徙台湾的记载。不过，这期间迁徙台湾的泉州人毕竟同样还是较为零散，并没有形成规模，因此记载亦不多。

洛阳桥与五里桥

宋元时期的泉州，海外交通发达，催生出一股造桥热，尤其在滨海交通要道上，建造了大量石桥，并以先进的造桥技术在中国桥梁史上写下灿烂一页。北宋时期所建的洛阳桥，南宋时期所建的五里桥，这两座位于海滨且至今犹存的著名古桥，可谓典型代表。

宋元时期，泉州造桥热的出现，是与海外贸易的兴盛紧密相连的，既是海外贸易发展的需要，亦是海外贸易发展的产物。海外贸易兴盛，泉州作为国内外物资流通的重要中转站，内陆各地各种货物源源不断进入泉州，经泉州港销往海外，而海外输入的大量货物也要从泉州转运到内陆各地。因此，大批桥梁的建设成为客观的强烈需求。宋元时期泉州所建桥梁，尤其是那些著名的桥梁，多数建于滨海交通要道上，亦正反映出这一点。朝廷重视海外贸易，地方官府不能不积极响应，改善交通运输条件，推动海外贸易发展。因此，宋元时期，泉州地方官将兴建桥梁作为头等大事，亲自主持桥梁修建。北宋著名政治家、泉州知州蔡襄，主持修建著名的洛阳桥，就是很好的例证。改善交通运输条件，既有利于商人，亦有利于百姓出行。因此，这得到社会各界的热情支持。宋元时期，泉州所建的桥梁，几乎都有百姓的主动参与，或捐钱捐物，或参与施工。海外贸易发达，商品经济繁荣，许多百姓经商致富，地方官府亦获得不菲的财税收入，亦为大批桥梁的建造提供了较好的经济基础。

正是在这样的背景下，宋元时期，泉州出现了建桥热潮，建造了大量桥梁，且主要是石桥。所造桥梁既多且长，建桥技术在中国桥梁史上居先进行列，故有“闽中桥梁甲天下，泉州桥梁甲闽中”之说。按乾隆《泉州府志》载，泉州历代共造了 260 座桥，这当中，唐五代 5 座，宋代 105 座，元代 13 座，明代 16 座，清代 21 座，年代不详者 100 座。可见，宋元时期所占比例很大，尤其是宋代，更是空前。泉州古桥中最为著名的两座跨海大石桥——洛阳江上的洛阳桥与安海滨海五里桥，亦都是建造于宋代。

洛阳桥，又称万安桥，这座中国古代跨海大石桥，长 834 米，宽 7 米，有 46 座桥墩。它与北京卢沟桥、河北赵州桥、广东广济桥并称为中国古代四大名桥。洛阳桥位于泉州城东郊洛阳江上，是洛阳江入海口，不远处就是泉州湾著名港口后渚港。它既是泉州通往省城福州乃至江浙的重要通道，又是泉州海外交通的直接通道，因此，对于泉州海上交通与海外贸易的发展，具有极为重要的意义。

泉州洛阳桥

洛阳桥始建于北宋皇祐五年（1053 年），完成于嘉祐四年（1059 年），前后费时近 7 年。洛阳桥未建前，人们南来北往，需要乘坐木船，跨海而过。由于水面宽阔，水流湍急，甚为危险，乘客无不惧怕。过渡的船只，倘若遇到狂风，往往船翻人亡。这样的事故经常发生，许多人死于非命。早在蔡襄主持建桥前，泉州人李宠已曾试图建桥，未能如愿。蔡襄出身贫寒，为官之时，能体恤百姓疾苦，这是最值得称道之处。北宋至和二年（1055 年），蔡襄出任泉州太守，目睹百姓过江艰难，大动恻隐之心，决定集聚民力建桥。蔡襄的热情倡导，得到泉州百姓的热烈响应，又经近 5 年时间，耗费 1700 万贯钱，终于建起这座巨型石桥。桥梁建成后，蔡襄又发动官民，于官道两旁种植松树，形成一条绵延几百里的林荫大道，既防止水土流失，又可使过往商旅行人免受骄阳曝晒之苦。1961 年，这座大石桥入列首批全国重点文物保护单位。

正因如此，泉州百姓非常感念蔡襄。洛阳桥南端桥头，建有纪念蔡襄的祠堂，称为蔡忠惠祠。祠内立有蔡襄《万安桥记》石碑。蔡襄是宋代四大书法家之一。此碑刻文字精练，书法遒劲有力，刻工精致，世称三绝。近千年来，泉州民间关于洛阳桥建桥的神话传说和民间故事，广为流传，甚至被搬上戏曲舞台，成为许多剧种的传统剧目。泉州百姓至今仍感念蔡襄，无疑与洛阳桥有很大关系。泉州人每提到洛阳桥，自然会想到蔡襄。

五里桥，原名安平桥，中国十大古桥之一，素有“天下无桥长此桥”的美誉，驰名海内外。五里桥位于泉州晋江安海镇，因安海曾名安平，得名安平桥，又因桥长约 5 华里，俗称五里桥。五里桥横跨在晋江与南安两县之间的海湾上，两头分别是晋江安海镇与南安水头镇。这里既是泉州南下漳州和潮州的陆上重要通道，又有泉州重要的海港安海港。从北宋起，安海港就是泉州港重要的支港，并形成了东西二市，甚为繁荣。由于南面就是大海，西面的陆上交通又隔着海湾，往来商旅极为不便。因此，南宋绍兴八年（1138 年），僧祖派开始建造石桥，未成。绍兴二十一年（1151 年），赵令衿知泉州，主持督造，耗时 13 年，建成桥长 2255 米，宽 3 米多，共有桥墩 361 个，每孔由 5 到 7 条石板铺架，共用石板 1300 多条，每条 8 至 11 米，最重达 25 吨。桥两侧有石护栏。桥上有 5 座亭子，供行人憩息。桥的中亭泗水亭，亭前石柱上有一清代楹联：世间有佛宗斯佛，天下无桥长此桥。五里桥为中国古代最长的跨海石桥，是全国重点文物保护单位。

宋元时期，泉州以洛阳桥和五里桥为代表的大量桥梁的建造，既是海外贸易发展的需要，又为海外贸易的发展提供了重要条件；既大大改善了泉州的陆上交通条件，又大大方便了泉州港的货物转运，有力地促进泉州海外贸易走向进一步繁荣，影响甚大，具有重要意义。

六胜塔与姑嫂塔

宋元时期的泉州，海外交通的发达，除了催生出一股造桥热外，还催生出一股建塔热，尤其在濒海的山顶上，建造了多座石塔。石狮蚶江的六胜塔、石狮永宁的姑嫂塔，就是最为著名的两座石塔。

宋元时期，泉州造塔热的出现，同样与海外交通的繁荣密切相关，既是海外交通发展的需要，又是海外交通发展的产物。海外交通的发展，航行于大海的船舶愈来愈多。可是，海上航行风险甚大，泉州人有句俗语："行船走马没三分命"，说的正是这个道理。因此，人们不能不怀有畏惧心理，同时希望能够平安顺利。塔，在当时人们看来，显然正具有这种功能。因为，这些塔的建造者，或者是佛教徒，或者是对佛教颇为崇敬的俗众。而塔在佛教语义中，就有吉祥与报恩的含义。所谓"救人一命，胜造七级浮屠"，表达的就是这种意思。浮屠，指的就是佛塔，救一个人的性命，功德比建造七级佛塔还要大。如此，僧人有建塔的动力，热衷于建塔，礼佛的百姓亦热情支持，甚至亲力而为。何况，塔建造于滨海山顶上，又有引导归航的海船顺利入港的功能，可以起到航标的作用。而海外贸易的发展，亦为僧人和俗众提供了较好的经济基础，寺庙经济甚为发达，俗众经商致富者不少，建塔有了资金的来源和保证。

宋元时期，泉州人在滨海交通要道修造石塔，自北而南，修建了许多座，目前尚存的还有近十座，诸如，晋江安海的瑞光塔，石狮鸿山伍堡湾的星塔，洛阳桥下游金屿村东畔高处的盘光塔，惠安县张坂浮山村的浮山石塔等。这些石塔，大多是由僧侣所建，既是为海上航船导航，又具有镇邪祈福的功能。目前尚存的石塔中，六胜塔和姑嫂塔，正是最为著名的两座，亦皆为国家级重点文物保护单位。

六胜塔，又名石湖塔，位于石狮市蚶江镇石湖村金钗山顶。这里，是泉州湾晋江入海处。塔下的蚶江和石湖，是古代泉州的重要外港。据说，在宋元泉州海外贸易高度发达时，这里的渡口竟有 18 个之多，它和安海一样，都是外国商船的寄泊之处，常常泊满了亚非各国的近百艘商船。为了导引船舶安全进出，这里很需要有个航标。因此，僧人祖慧和宋什等，首先挺身而出，四处募捐，得到俗众的热情响应，获得了资金，即于北宋政和三年（1113 年）在此处建起了这座塔。乾隆《泉州府志》载：六胜塔，北宋政和年间，僧祖慧、宋什等，募缘造塔。南宋景炎二年（1277年），该塔被元军毁坏。元代后至元二年（1336年），蚶江锦江海商凌恢甫，经营海外贸易致富，捐款重建，并有题刻。

六胜塔，坐北朝南，整座塔全部用花岗岩石构筑而成，结构为仿木楼阁式建筑，八角五层。它的外部造型，基本上与泉州开元寺东西塔相似。每层由塔心、回廊、外壁3部分组成，设4个门、4个方形龛。门与龛的位置，逐层互换。塔底周长47米，塔高36米。建筑技艺甚为精巧，布局非常匀称。各层的龛外两侧，雕有菩萨和天神，共有80多尊。塔盖八角翘脊，各雕1尊坐佛。这座石塔，巍然耸立于金钗山顶，俯瞰浩瀚的大海和往来穿梭的海船，至今已有800多年。它见证了宋元时期蚶江海路交通的盛况，见证了明代蚶江私商贸海的热闹，又见证了清代蚶江与台湾鹿港对渡的情景。它与对面石狮永宁姑嫂塔遥相对望，是石狮沿海的一道美丽景观。

姑嫂塔，又称万寿塔，原名关锁塔，位于石狮市永宁镇宝盖山上，遥望着深沪湾，至今已有800多年历史。姑嫂塔背靠泉州湾，面临台湾海峡，有关锁水口、镇守东南的意思，所以原名“关锁塔”。姑嫂塔的名字，来自民间传说姑嫂望夫的故事，故事非常凄美：很早以前，宝盖山下有户农家，父母去世后，兄妹相依为命。后来阿兄娶妻，妻子非常贤惠，待小姑也很好，一家三口，和睦生活。某年，天大旱，五谷绝收，阿兄随乡亲往南洋，到南洋后，甚不得志，没有脸面寄信回家。姑嫂两人，多年得不到音信，日夜思念，经常登上宝盖山顶，向海眺望，为能看得更远，不断扛来石头堆叠，天长日久，形成高高的石台。两人站在石台上，继续眺望，依然没有阿哥的踪影。某天，姑嫂写了封信，绑在风筝上，让风筝随风飘到南洋。阿兄收到信，读完放声大哭，急忙收拾行装回家。这日，天气晴朗，姑嫂又登上山顶站台眺望。终于，大海出现了归帆。可是，就在这时，狂风大作，海浪滔天，船翻沉海底，阿兄葬身大海。姑嫂惨哭几声，相抱跳崖自尽。后来，乡亲为纪念这对姑嫂，就在姑嫂叠石堆台的地方，建了座石塔，叫姑嫂塔。这个故事流传几百年，传播四方，尽管是传说，却是泉州人海外谋生的一种历史反映。

姑嫂塔建于南宋绍兴年间（1131—1162 年），僧介殊建，占地 300 多平方米，亦是仿楼阁式建筑，八角形，上置葫芦刹，外观 5 层，实为 4 层，塔高 20 多米，底部宽近 4 米，最上面宽 2 米多，亦全部用花岗岩石砌筑而成。该塔的八角翘脊，各有坐佛 1 尊。塔门前建有方形石亭 1 座，单檐硬山顶，拱门内有旋梯可登顶，二层门额有题刻：万寿宝塔。四层外壁有清康熙初年修塔题刻，底层立有清乾隆年间修塔碑。顶层外壁有一个方形石龛，龛内刻有两个女像，据说就是姑嫂两人形象。明代何乔远所撰《闽书》，亦记载了姑嫂望夫的传说。这也说明，姑嫂塔的故事，至少在明代就已经流传。

深沪湾远眺姑嫂塔

因海兴盛的俗神

宋元时期的泉州，伴随着海上交通的繁忙，民间俗神信仰也获得大发展，呈现出非常兴盛的情景，海神受到高度崇拜，其他众多俗神亦受到更多青睐，信众更多，传播范围也不断扩大，令世人瞩目。

泉州原是闽越族人聚居之地。中原汉人大量迁居泉州之前，闽越族人是泉州的土著。闽越人崇尚鬼神。闽越族消失后，这风气仍在泉州流传下来。因此，宋元以前，泉州民间俗神信仰已颇为盛行。宋元时期，频繁的海上活动，无疑更使这种鬼神崇拜获得强大推动力。海上航行，意外风险甚多，随时可能遭遇不测，这不能不助长神灵崇拜。宋代洪迈《夷坚志》，讲述的泉州杨客故事，就是很好的注释：杨客经营海上贸易10多年，每次出海，遭到风涛之险，必然大呼神明保佑，并指天发誓，许诺如能避开祸害，将拿出重金，酬谢神佛。于是，每次安全回来后，兑现承诺，又是装饰塔庙，又是大肆祭祀。

宋元时期的泉州，民间信仰的鬼神不断增加，崇拜程度亦不断提高。海神的队伍壮大，除了玄天上帝外，又涌现出通远王和妈祖这两尊著名的海神。这些海神，基本功能就是保佑航海平安顺利，因而享受了泉州人民的特殊待遇，规格甚高。妈祖、玄天上帝和通远王，成为官方主持的祭海和祈风典礼祭祀的特定神祇。此外，泉州新诞生的不少俗神，虽然本身并不是海神，功能也都比较庞杂，但泉州人亦让它们充当海上保护神，同样对之诚惶诚恐，顶礼膜拜。在泉州人看来，这些俗神，既然与海神一样，都具有消灾避祸功能，可保佑人们纳福迎祥，那么，让它们兼任海上保护神，无疑也是非常合适的。于是，这些俗神的香火更加旺盛，地位不断抬升，信众不断增加，传播范围不断扩大，影响力也不断提高。宋代，泉州新诞生的广泽尊王、保生大帝、清水祖师，最能说明问题。这三尊俗神与妈祖一起，并称为“泉州四大信仰”。这种局面的形成，无疑与海上活动密切相关。

广泽尊王

广泽尊王，又称郭圣王、郭王公。原名郭忠福，泉州南安诗山郭山人，生于五代后唐同光年间，生而神异，意气豪伟，事父母至孝，后人皆称是大孝子。传说，15岁那年的一天，他忽然牵着牛，携带瓮酒，登上离家不远的凤山，并于次日坐在绝顶古藤之上，垂足而逝，酒尽于器，牛存其骨。乡亲们大为惊异，认定他是化为神飞天了，于是建庙奉祀，称为郭将军庙，又称郭山庙，后又改称凤山寺。郭圣王生卒时间均是在五代，兴盛则是在南宋初，这前后已历经200多年。郭圣王信仰的兴盛，显然与入宋后海交活动发展有不小的关系。南安诗山，人多地少的矛盾向来非常突出。宋元时期，百姓外出谋生者越来越多，往台湾地区和南洋者众多。传说郭圣王能显圣退敌，祈禳瘟疫、疾病，无所不能，十分灵验，有求必应，所以，它也成为乡人外出甚至出洋的重要保护神，信奉者越来越多。南宋朝廷顺应民意，高宗年间，敕封为威镇广泽侯。这更使郭圣王声名大震，成为周围许多百姓崇祀的对象，南安、永春、安溪有数十座分庙，且随着这些地方人们外出的增加而不断扩大影响，从泉州传播到整个福建，甚至广东、浙江、台湾地区以及东南亚各地。

保生大帝

保生大帝，又称吴真人、花轿公、大道公等，原名吴夲，北宋泉州同安白礁人，生于北宋初年。据宋人杨志《慈济宫碑》载：吴夲自幼不吃荤食，只吃素食，长大后不娶妻，致力于医病救人，医术甚为高超，医德又十分高尚，业医济人，不分贵贱，按病授药，虽奇疾沉疴，亦可很快痊愈。如此，他受到乡人高度崇敬。死后，当地百姓奉其为医神，感念其德行，建庙塑像祭祀，并多次请求朝廷敕封，直至获得“保生大帝”封号。保生大帝虽是医神，但在泉州人心目中，它的地位与关帝、妈祖相同。所以，南宋时，保生大帝的影响逐渐从闽南扩大到整个福建，以至两广，又扩大到台湾地区以及南洋各地。如此，保生大帝成为中国历史上最著名的一个医神，信众竟达上亿人。

清水祖师

清水祖师，俗姓陈，名荣祖，法名普足，泉州永春岵山人。普足生于北宋仁宗景祐年间，幼年时出家大云寺，长大后到高太山结茅筑庵，闭关静坐，参读佛典，最终悟道。他以行仁为理念，利物济世为职责，施医济药，普救贫病。宋神宗元丰年间，安溪蓬莱乡大旱，乡人请他祈雨，立刻甘霖普降，因此被尊称为“清水祖师”。安溪蓬莱人刘氏献张岩山，筑一精舍，名曰“清水岩”，延请清水祖师前往居住，这就是蓬莱清水岩祖殿的由来。清水祖师在此修行 18 年，行医救世，独力募化，修桥铺路，人人称便，泉州人都很崇拜。逝世之后，泉州人感念其德泽，屡次奏报朝廷，敕赐“昭应大师”“昭应广慧善利慈济大师”封号。清水祖师信仰影响不断扩大，亦随着泉州人漂洋过海，传播到台湾地区和南洋各地。

安溪清水岩

需要指出，上述几尊大神，以及宋元时期在泉州已受到崇拜的其他俗神，明清时期，随着泉州海交活动的延续，亦在台湾地区和南洋各地得到更广泛传播。同时，这期间泉州的许多新俗神，诸如众多的王爷神之类，亦同样在台湾地区和南洋各地得到广泛传播，大大提高了影响力。

因此，可以说，泉州人的俗神信仰，经久而不衰，且广泛向外传播，尤其是台湾地区和东南亚各地，产生了重大且深远的影响，海上交通活动功不可没。而在这个过程中，宋元时期是个重要节点，重要的发展阶段。

海神的至尊妈祖

宋元时期，泉州海上交通繁忙，海神崇拜亦随之兴盛，诞生于莆田湄洲岛的妈祖，更是受到泉州人高度崇拜。妈祖的至尊封号，妈祖在台湾地区以及海外的广泛传播，泉州海上交通功不可没，且厥功至伟。

妈祖是泉州俗神信仰中最高的女神，又是主管海事的最高海神，她与通远王及玄天上帝等神灵，共同承担海交护航职责。妈祖，原名林默娘，又称天妃、天后、天上圣母等，宋代莆田湄洲岛人，生于960年农历三月廿三日，卒于987年农历九月初九日。死后被当地人奉为神灵，视为海上保护神，在湄洲羽化地建庙祭祀。

妈祖从开始成为神灵就具备海上保护神职能，且是最主要职能，显然与海有密切关系。湄洲岛百姓都是渔民，经常出入于喜怒无常的大海，随时有可能船覆人亡，所以特别崇拜海神。生长在大海之滨的林默娘，据载，生前既精于占卜，能预知人的祸福，

泉州天后宫

且精于医术，经常为乡亲行医看病，还能通晓天文气象，熟习水性。她终生在大海中奔驰，救急扶危，惊涛骇浪中拯救过许多遇险的渔船商船，因而，人们传说她能乘席渡海。如此，妈祖顺理成章地成了当地人的海上保护神。

妈祖得到官府的承认，亦与海上交通活动密切相关。妈祖信仰起初只在妈祖故乡传播，它开始获得官府封号是由闽籍人士介绍。北宋宣和年间，路允迪奉朝廷之命往高丽，莆田人保义郎李振同行，航海途中遇狂风暴雨，甚为危险，幸而有位女神出现，化险为夷。李振告诉路允迪，这女神就是妈祖。路允迪回京城后，向宋徽宗讲述了这件事。宋徽宗亲赐莆田圣墩妈祖庙“顺济”庙额。这是妈祖首次得到朝廷褒封。很显然，妈祖这时获得首个官方赐号，既与随行的闽商有关，亦与朝廷对海外贸易与海外交通活动的态度直接相关。北宋朝廷鼓励海外贸易和海外友好往来，树立一个海上保护神，显然具有重要的象征与现实意义。于是，妈祖信仰得到朝廷承认，确立了妈祖的海神地位。这期间，泉州的海外贸易与海外交通活动，已在国内占有重要地位。妈祖成神后，很快得到与湄洲紧邻的泉州人的认可，沿海渔民和航海者纷纷奉为海上保护神。所以，泉州对于妈祖海神地位的确立，功不可没。

妈祖得到朝廷承认后，自北宋到南宋，地位不断提高，同样因为海外交通活跃。南宋，海丝繁荣，朝廷对海外贸易同样积极鼓励，因此，妈祖得到的封号亦越来越多。迨至宋末，妈祖得到各种封号已有14次。至此，妈祖已是最受宠爱的一个神灵，尽管不是唯一的受封神灵，甚至也不是唯一的海神。妈祖地位的不断提高，同样有泉州的突出贡献。因为，这期间，泉州港地位继续不断提升，影响力更大。而泉州的妈祖信仰，亦持续升温，渔民和航海者船上开始供奉妈祖香火。泉州天后宫，始建于南宋庆元二年（1196 年），历来被认为是海内外建筑规格最高、规模最大的奉祀妈祖庙宇，早在 1988 年就被国务院认定的国家重点文物保护单位。从这座庙宇的建立，亦可看出，泉州对于妈祖这尊世界性海神的形成，具有多大的作用。

元代，朝廷继续提高妈祖地位，同样与海丝活动直接相关，泉州同样贡献突出。因为，元代海运发达，海外贸易成为国家重要的财政收入，从事海运人员需要海神保佑。而泉州是当时最大的海港，拥有世界上最先进的造船和航海技术，泉州港一举一动都会影响中国航海界的情况，所以，妈祖作为泉州的海神，自然在众神中脱颖而出。如此，元朝建立后，元世祖很快就给妈祖以天妃的称号，且以后日益加封，使妈祖神格不断提高。元朝封赐制度有很大变化，统治者宠信佛教，因此，朝廷不再给民间诸神封号。但是，妈祖不仅得到封号，而且还上升一级，从夫人晋升到天妃。按《元史》记载，至元十五年（1278 年），元世祖下诏：制封泉州神女，号护国明著灵惠协正善庆显济天妃。皇帝称这尊海神为泉州神女，并封为天妃，妈祖从此成为泉州最有代表性的海神。至此，别的海神都已无法与妈祖竞争，妈祖从地区性海神上升为全国性海神。如此，莆田的妈祖，变成泉州神女，泉州港在这当中的作用，非常清楚。

如果说，妈祖海神地位的确立与不断提升，泉州海上交通的繁荣贡献巨大，那么，妈祖信仰向外传播的不断扩大，泉州海上交通活动同样厥功至伟。宋元时期，泉州对外贸易的国家和地区，从北宋 30 多个，扩大到南宋 50 多个，再扩大到元代 90 多个。与此同时，妈祖影响亦从福建扩大到东南沿海各省，随后又扩大到海外。

明清时期，泉州人大批迁移台湾地区和南洋，亦使妈祖在台湾地区和南洋的影响大大提高。泉州沿海百姓移民台湾，船上都奉祀妈祖神像，保佑船只平安。清赵翼《陔余丛考》卷三十五载：“台湾往来，神迹尤著，土人呼神为妈祖。倘遇风浪危急，呼妈祖，则神披发而来，其效立应。”妈祖作为台湾的四大民间信仰之一，影响迅速扩大是在明郑时期。明代，泉州百姓移居台湾，船上都奉祀妈祖神像，保佑船只平安。郑成功军队复台，随带妈祖神像。南明永历二十二年（1668 年），台南建造了安平开台天后宫，供奉随郑成功军队复台的妈祖神像。台湾许多妈祖庙里供奉的妈祖神像，都是由这座庙宇分灵而去。施琅收复台湾，船队同样供奉妈祖神像。

总之，宋元以来，妈祖信仰随着泉州海商传播到世界各地，尤其是东亚和东南亚广大地区，凡是港口之处，几乎都有妈祖庙。可以说，没有泉州港的地位和影响，没有泉州商人、移民和航海者的笃信和传播，很难塑造出这么一个世界性的海神。

2009 年，妈祖信俗入选联合国教科文组织的人类非物质文化遗产代表作名录。目前，世界各地建造的妈祖庙有 5000 多座，妈祖信众达 2 亿多人。

涨海声中万国商

宋元时期，泉州海上交通发达，海外贸易繁盛，亦突出地表现在海外各国大批商人前来泉州，泉州出现“涨海声中万国商”盛况。番商运来海外各国货物，同时把中国货物运载回国，促进了中外经济交流。

宋元时期，泉州港热闹非凡，前来这里做生意的各国番商，络绎不绝，难以计数。北宋诗人李邴，在《咏泉州海外交通贸易》诗中，赞誉泉州港曰：“苍官影里三州路，涨海声中万国商。”这正是泉州港商贸繁盛的形象写照。按元代泉州人吴澄《吴文正公集》载，这位元代著名文人盛赞当时泉州港的繁华说：泉州，七闽重要的都会，番货远物，异宝珍玩，聚集于此，来自海外各地的商人，尤其富商巨贾们，在泉州的居所，可谓天下最多。元代意大利旅行家马可·波罗在游记中写道：“到了第5天晚上，便到达宏伟美丽的刺桐城。刺桐城沿海有个港口，船舶往来如织，装载着各种各样商品，驶往蛮子省各地出售。这里的胡椒，出口量非常大，但是，运往亚历山大港以供西方各地所需的数量，微乎其微，恐怕还不到百分之一。刺桐港是世界最大的港口之一，大批商人云集于此，货物堆积如山，买卖盛况实在令人难以想象。”比马可·波罗较晚来到泉州的摩洛哥旅行家伊本·白图泰也说：“我们渡海到达的第一座城市，就是刺桐城。这是一座巨大的城市，这里织造的锦缎和绸缎，亦以刺桐命名。该城的港口，是世界大港之一，甚至是最大的港口。我看到港内停泊着大船，大约有上百艘，至于小船，多得数不清。”所有这些，都从不同侧面反映了当时泉州商贸的繁荣。

宋元时期，前来泉州的番商，遍及世界各地，几乎当时泉州人足迹所及的地方，都有当地番商前来泉州。不过，就数量而言，最多的还是来自西亚地区，尤其是阿拉伯和波斯。

宋元时期，前来泉州的西亚番商，数量庞大。南宋文人祝穆所著《方舆胜览》称：宋代，前来泉州的西亚诸国番商，每年以大船浮海而来，载来象牙、犀角、玳瑁、珠玑、玻璃、玛瑙、异香、胡椒之类物品。这些琳琅满目的海外物品，尽管品类繁多，然而在泉州进行交易时，井井有条，并不杂乱。众多的西亚番商，因为熟悉中外贸易，有许多人成为巨富，诸如，著名阿拉伯商人蒲罗辛、佛莲、蒲寿庚兄弟等。蒲罗辛运载乳香到泉州，抽解值30万缗，被南宋朝廷特补承信郎，并赐给官服官帽，诏令他去向番商游说，招引番商运来乳香，如果数额较大，可以给予奖赏，除设宴犒劳外，还将奖给银两和绸缎。又如，阿拉伯商人佛莲，亦是因来泉州经商而成为巨富。经他发往番国的船舶，总共有80艘。他在泉州死去后，因为女儿尚且幼小，又没有儿子，所以官府只好将其财产没收。官府清理家资时，发现竟然有珍珠130石，其他各种贵重物品更是难以计数。至于蒲寿庚，那就更是大名鼎鼎了。

宋元时期，南亚诸国也有不少人来泉州，主要是传教和经商。南宋嘉定年间，南毗国人罗巴智力干父子来泉州经商，居住于城南。元代至元十八年（1281年），马八儿国的泰米尔商人圣班达·贝鲁玛，因在泉州经商发财，欲在泉州建座印度教寺庙，获得元廷恩准，于是在泉州建印度教寺院，称为“番佛寺”。泉州与印度贸易频繁，印度商人经常来泉州。摩洛哥旅行家伊本·白图泰说，他看到一艘满载货物的船从泉州开往印度。泉州烧制的精美瓷器，大量运往印度等国。他还说，1342年元顺帝派使臣去印度，馈赠国王摩罕美德锦缎500匹，这些锦缎是泉州织造的刺桐缎。马可·波罗在游记中亦称，印度船舶运载香料及其他各种重要货物，有的就来到泉州城刺桐港。

宋代，东亚的高丽和日本，亦有不少人到泉州。当时，亦有高丽僧人来泉州，这从苏轼《乞令高丽僧从泉州归国状》就可看出。高丽商人赴泉州贸易的人也日渐增多。按《建炎以来系年要录》载，绍兴初年，高丽罗州岛人光金，与其徒弟，共十余人，泛海前来泉州。宋人赵彦卫也说，高丽船舶运载人参、银、铜、水银等物品，来到泉州贸易。日本商人也常来泉州贸易，按《诸蕃志》记载，日本盛产杉木、罗木，长至十四五丈，直径四五尺，当地土人将其分解为枋板，用巨型船舶运载到泉州进行交易。

晋江海滨古渡头

宋元时期，东南亚各国亦有不少人前来泉州。诸如，真腊。北宋政和年间，真腊商船到泉州贸易。按楼钥《攻媿集》载，南宋乾道年间，4 艘真腊货船到泉州。又如，蒲甘。北宋时期，亦有蒲甘商船来到泉州，运来金颜香等货物，进行交易。再如，三佛齐。按林之奇《泉州东坂葬蕃商记》载，宋代，很多三佛齐海商到泉州，南宋时，三佛齐的海商，来泉州经商致富，居住于泉州者，有数十人。宋元时期，泉州与菲律宾关系密切。按《岛夷志略》载，菲律宾三岛，许多男子曾随海船到泉州经商，倾其身上所有钱财，用于文身。回到菲律宾后，深受国人尊敬，以尊长之礼相待，奉为座上宾，虽是父老，亦不得与其相争。因为，按当地习俗，凡属于来到中国的人，都是高贵的、非常值得敬重的人。

番人巷与聚宝街

宋元时期，海外各国番商云集泉州，得到泉州官民的热情接纳，泉州专门辟有番人巷，并建番学，就是很好的证明，而这些番商的到来和聚集，也对泉州社会经济的繁荣，城市的扩展，产生了不小的积极影响。

宋代泉州的番商就已经很多，尤其是来自西亚的番商甚多。按《宋史》载：泉州有番舶，各种货物堆积如山。北宋张钢说：泉州陆海相连，番国商人船舶聚集在这里，故商业发达而百姓富庶。泉州地方官府对番商礼遇有加，允许番商杂处民间，也允许番商独自族居。因此，最晚至两宋之交时，泉州城南门附近，已逐渐形成番商聚居的街区，到南宋末年，城南则设置番坊。

何谓番坊？番坊是唐宋时期前来中国贸易的外国商人、侨民居住的场所，又称“番人巷”。番坊出现于唐朝，唐人房千里在所著《投荒杂录》书中最早写道：近年在广州番坊，奉献食品多用糖蜜、龙脑和麝香等香料，有鱼牲虽然香甜，腥臭味亦甚重。宋代，阿拉伯来华互市的商人，大多侨居于各港埠，或于城内与华人杂居，或居住在特定地方，称之为番坊。

番坊的形成，最基本的条件，是要有足够的番人聚集于城市某个街区。宋代来泉州的西亚番商很多，或杂处民间，或聚居城南。所以，泉州就沿袭唐制于城南辟出专门居住区，设置番坊，选择侨番任番长，自行管理一般事务。祝穆《方舆胜览》中，有关于泉州番人巷的记载：众多番人，分为黑番和白番两种，皆居于泉州，号番人巷。可见，当时来泉州进行贸易的，黑番白番皆有，并且长期居住泉州，定期运来琳琅满目的海外物品，交易品类繁而不杂。

宋元时期，泉州的番坊，建于城南德济门附近，天后宫正对面，称为“泉南番坊”。这里地临晋江，靠近海口，既是番商到泉州后的登岸之处，又是番商返回的出海之处。随着时间的推移，这里聚集了越来越多的番商。因此，泉州官府就在这里设置番坊。

番坊与普通聚居区不太相同，它有经官府任命的外籍统领，也就是番长。番长的主要职责，是协助官府管理该城番人事务，招徕海外商船发展贸易。同时，番客触犯刑律，大多由当地审理后交番坊处理，番长同样是主要执行者。宋代朱彧《萍洲可谈》载：广州番坊，海外诸国人聚居，置番长一人，管理番坊公事。虽然，宋代文献并没有关于泉州番长的记载，但是，泉州的情况应当也大致如此。番长处置犯法的番客，长期遵照番坊内的相关法规。这实际上是给予番商番客的某种特权。诸如，番商番客与泉州人争斗，打伤了泉州人，可不用中国刑法，用番国刑法，赔牛赎罪。按《宋史》载，直到南宋孝宗时，汪大猷知泉州，才改变这种做法，坚持用宋朝刑法处置犯法番客。他说：哪里有中国人用外国刑法的道理？既然在中国，就应当用中国刑法。所以，番人始有所忌惮，不敢肆意斗殴。当然，官府这种宽容包容的态度，无疑为番商番客创造了宽松的环境，使之能在泉州安居乐业。

泉州地方官府为了解决侨番子女教育问题，又允许开办番学，教习番文。蔡絛《铁围山丛谈》载：大观、政和年间，海外各国番人仰慕大宋，纷纷前来，广州、泉州请建番学。可见，这期间，官府对番人既是非常宽容，非常尊重，亦是非常关心，考虑得颇为周到。

宋元时期，泉州在城南设置番坊，亦大大刺激了城南的商业发展，商业甚为繁荣，街区不断拓展，并在这里形成了泉州著名的商业市街，称为聚宝街。

聚宝街，位于泉州老城区南部，北起万寿路，南至厂口旱闸，全长 400 米，宽 12 米。在聚宝街南端，有个地方名叫车桥头，是刺桐港与陆地连接的交通要道。这条街东西两头地势高，中间地势略低，形状如盆，故取名为“聚宝街”，寄寓吉祥发财之意。

泉州城南聚宝街

聚宝街的兴起，正与这里番商聚集有密切关系。随着海外贸易的兴盛，中外商客云集，商业异常繁荣，成为泉州城最为繁华的商业区。这里，既有集市贸易，又开设着许许多多的店铺。集市和店铺的商品，琳琅满目，丰富多彩。尤其是开店铺兜售象牙的番商，数量甚多。当时，泉州由于海陆交通便捷，同国内各地联系也十分密切。国内各地商人亦纷纷涌入泉州，把各种番货贩运到内陆各地，以及沿海的苏杭甚至京津。 而泉州作为中外贸易的中心，国内各地货物也源源不断地集中于泉州港，运销海外各国。

泉州城南，正由于商业繁荣，原有的城区逐渐变得狭小。 因此，元至正十二年（1352 年），泉州最高行政长官达鲁花赤偰玉立，再次对泉州城进行扩建，把位于涂山街的罗城南墙向南拓展，直至濒临晋江北岸，与南宋宝庆初年知州游九功扩建的翼城连接起来，把最热闹的商业区大部分包罗进来，从而使城周达到 30 里。 居住在这座城市的居民，除了汉人和蒙古人外，来自阿拉伯、波斯、亚美尼亚、印度、爪哇、吕宋群岛，以及遥远的非洲和欧洲的番人，也纷至沓来，侨居在这里。 这些外国人，无论人数、国籍或身份，都比宋代要复杂得多。 这些肤色不同、服饰各异的番人中，又以头裹白巾来自波斯和阿拉伯的穆斯林居多。

聚宝街，见证了宋元时期泉州港的盛况，见证了当时万国商人云集泉州的热闹景象，见证了泉州海外交通发达和对外贸易的兴盛，是泉州海丝之路发展的重要遗迹。

海商首领蒲寿庚

宋元时期的泉州番商，阿拉伯人最多，最有代表性的番商，亦是阿拉伯人。阿拉伯商人后裔蒲寿庚，就是大名鼎鼎的人物，这位番商首领，给泉州社会带来很大影响。因此，谈到宋元时期泉州的海外交通，这是个无法绕过的人物。

蒲寿庚，号海云，宋末元初人，阿拉伯商人后裔。祖先是阿拉伯人，因经营贸易迁至占城，后到广州做香料生意并定居，统领诸番互市，富甲一时。南宋中后期，泉州港日益繁盛。蒲寿庚父亲蒲开宗，因家道日益衰落，举家自广州迁泉州，定居于东南郊法石云麓村。南宋嘉泰年间，蒲开宗被授予泉州安溪县主簿之职，绍定年间，因招商有功，授承节郎。他颇为热心公益事业，重修安溪龙津桥，重建长溪桥。

蒲寿庚亦经商，且善于经营，拥有大量海船，从事贩运香料为主的海外贸易，获取了巨额财富，拥有家僮数千。南海诸国，莫不畏服。南宋末年，风雨飘摇中的赵氏朝廷，企图借助蒲氏财力，维持统治。南宋咸淳十年（1274 年），海寇袭泉州，蒲寿庚与兄蒲寿晟，凭借强大的海上力量，协助官兵将其击退，被授予福建安抚使兼沿海都制置使之职，安抚福建兵事民政，统领海防。南宋德祐二年（1276 年），二月，元军南下包围临安，三月，攻陷临安，宋恭帝投降，南宋事实上灭亡。五月，南宋遗臣奉恭帝兄赵昰入闽，赵昰在福州另立朝廷，是为端宗。他们希冀获得蒲寿庚帮助，以便继续在闽粤沿海抗元，因此任命蒲寿庚为闽粤招抚使兼福建市舶司提举，赋予更大权力。显赫的权力与雄厚的海上实力，使蒲寿庚成为宋元鼎革之际一位举足轻重的人物。

可是，这时的蒲寿庚，已经怀有异志。元军攻下临安后，元朝廷就以蒲寿庚拥有甚多海船，实力雄厚，多次招降蒲寿庚。蒲寿庚开始动摇，温州之战，他与殿前司左翼军统领泉州人夏璟联合，挫败防守的陈宜中，破坏了文天祥守卫瑞安的军事计划。年底，元兵由浙江进入福建，南宋少保张世杰率舟师 10 万，奉端宗赵昰自福州航抵泉州港口，蒲寿庚闭门不纳。张世杰只好护送端宗转移广东，经漳州向潮阳。临行，宋军以船舶军资不足为由，征用蒲氏海船 400 多艘。蒲寿庚大怒，杀害在泉州的赵宋宗室及士大夫，共计 2300 余人，并与泉州司马田真子献城降元。翌年，张世杰从潮州回师泉州，欲歼灭蒲寿庚，为南宋报仇雪恨。蒲寿庚固守泉州，张世杰攻城 3 个月，未能攻下，只好撤兵。蒲寿庚这场保卫战的胜利，沉重打击了残宋的士气和力量，基本上消除了闽南反复拉锯的局面，巩固了元朝在闽地的统治。紧接着，蒲寿庚又将自己的海船交给元军使用，进攻残余的宋军，得到元朝统治者的褒奖。

元朝统一中国后，版图辽阔，海上交通和海上运输成为国家要政，同时，亦非常看重海洋贸易的经济利益。泉州在南宋已确立的大港地位，使元世祖忽必烈特别重视泉州港。蒲寿庚政治上曾拥有大权，经济上实力雄厚，又向来主张进行海外贸易，且在番商中威望极高。所以，蒲寿庚仕元后，很快被元朝委以重任，授予昭勇大将军、闽广都督兵马招讨使兼提举福建广东市舶、福建行省左丞等职，要他重新建立市舶司和市舶法则。蒲寿庚也没有辜负期望，继续主导市舶多年，积极开展海外贸易，番商往来互市，任其自便，并鼓励国内商人从事海外贸易。因此，元代的泉州港，继续得到大发展，支配了元朝对外贸易的相当部分，成了中外海上交通的重要枢纽，名副其实的世界大港。

蒲寿庚在宋元鼎革之际，叛宋仕元，主观上诚然是为着自身政治经济利益，但客观上使泉州港得以避免战争，没有遭受严重的战乱破坏。元军占领泉州次年，泉州港就重新开港。蒲寿庚受命镇抚濒海诸郡，利用自己的海外影响，广招番舶，招谕南海诸国，对元代海外贸易发展起了很大作用。通过招谕活动，海外诸国商人更多地来到泉州，泉州港的海外交通贸易蒸蒸日上，出现了鼎盛局面，跃居为世界大港，名扬四海。

蒲寿庚终生显赫，子孙在元朝，亦颇得志。儿子蒲师文继承其位，官至福建行省左丞，奉诏前往海外诸国，为朝廷招引商贾，后又兼福建市舶提举，继续控制市舶贸易，并且代表元朝廷祭祀妈祖，赐封妈祖为天妃，开创了中国册封航海女神为天妃的先例。孙子蒲宗谟，仍任行省左丞。

蒲寿庚亦官亦商，官商合一，凭借权力开展更大规模的海外贸易，宋末元初，几乎控制了泉州港的海外贸易，前后 30 年，亦累积了巨额钱财，成为泉州首屈一指的富豪。宋末，蒲寿庚于晋江出海口岸附近的宝觉山(又称石头山)，建楼阁以望海舶，因号海云，所建楼阁称为天风海云楼。蒲寿庚府第遗址在泉州城南，范围甚大，东至涂门，西至大隘门，南至天后宫，北至涂门街，面积约 300 亩，内有花园、棋盘园、讲武场、祠堂等。宋元时代，弈棋风盛，蒲寿庚为娱乐宾客，在花园北面建一棋盘园，以 32 名美女为棋子，分别手执黑红棋子名牌，各就各位，听候弈者号令进退，遗址即今天的棋盘园。义全街附近有一小巷称 32 间巷，是 32 名充当棋子的女子夜寝之处，一人一房，闻名四方。

泉州东鲁巷蒲寿庚府第遗址

跨海的文化交流

宋元时期，泉州海外交通繁荣，中外友好交往频繁，亦带来文化和科技交流的增多，它既为泉州文化注入诸多海外元素，极大地丰富了泉州文化内涵，又促进了中国文化和先进科技在海外的传播。

东亚的日本和高丽，既是宋元泉州海外贸易的重要对象，又是文化交流的主要对象。宋元时期，泉州与日本文化交流密切，尤其是佛学文化。南宋嘉定年间，日本僧人庆政上人，前来泉州开元寺学法。回国之时，从泉州带回《波斯文书》和福州版《大藏经》的《大般若经》《大宝积经》等。庆政从泉州带回的《波斯文书》，是用波斯文书写的阿拉伯诗歌集，是古阿拉伯文学遗留于东方的早期珍本。庆政从泉州带回福建出版的书籍，推动了日本印刷术的发展，随后日本各种佛经、佛经诠解及汉籍开始仿刻，翻雕的刊本版式，几乎完全相似。南宋咸淳年间，日本法师大拙祖能，率领数十名僧人到泉州开元寺学禅，后在日本楞岩寺讲经，听众竟达 3 万多人。南宋时期，日本派人来泉州德化学习制瓷技术，日本窑炉设计深受德化阶级窑影响。宋元时期，高丽亦有不少僧人到泉州，这从苏轼《乞令高丽僧从泉州归国状》就可看出。按《建炎以来系年要录》载，绍兴初年，高丽罗州岛人光金，率领徒弟10余人，泛海来泉州学习佛法。

泉州开元寺

宋元时期，西亚亦是泉州重要交往对象，侨居泉州的番客，数量最多的正是西亚的阿拉伯人和波斯人。这些阿拉伯人和波斯人侨居泉州后，普遍接受汉文化，学习汉语言，并以儒学教育子弟，甚至用儒学诠释伊斯兰教义。泉州出土的“番客墓”，就是典型例证。这个番客墓，全称叫伊本·奥贝德拉墓碑石。这块1米多高的墓碑，上面所刻的6行阿拉伯文字，记载了墓主人叫伊本·奥贝德拉及简单情况。

同时，墓碑上还有 3 个大大的汉字：番客墓。不过，这 3 个汉字，都有错误之处：番字中间的米少了一撇，客字下面的口多了一点，墓字中间的日写成了田。很显然，这是出自初学汉字的穆斯林之手。因此，可以看出，番客学习汉字，融入汉文化生活，泉州最终成了他们热爱的第二故乡。南宋绍兴年间，波斯人在泉州东坂创建穆斯林公墓。元代，西亚的亚美尼亚妇人，在泉州建造天主教堂。值得一提的是，这些西亚番客亦促进了中国先进科学技术向海外传播，甚至中国四大发明的外传，也有这些番客的贡献。宋代，许多阿拉伯人到泉州和广州经商，火药和指南针就是通过海路传到阿拉伯，然后再传到欧洲。

宋元时期，南亚诸国，尤其是印度，也有不少人来泉州，主要是传教和经商，印度文化元素亦随之不断进入泉州。泉州开元寺东西塔，洛阳桥金刚宝塔等宋代石塔上，皆刻有印度古文字梵文，也刻中文“唵、么、尼、钵、咪、吽”六字真言。所谓六字真言，是观音菩萨为使众生脱离六道轮回所发的心咒。佛教徒将六字真言刻在建筑物上，五方佛会常驻于斯，用法力保护建筑物，福佑行人，捐助修建的人也会因此积德，取得成为菩萨的资格。泉州木偶艺术，亦与印度文化有某种关系。泉州的掌中木偶，即布袋戏，方言读音与梵语“补吒利”音相近，今天印度还用“补吒利”来称傀儡。佛教传入泉州后，对泉州民俗亦产生影响，典型者如普度节，佛教称盂兰盆会，是佛教徒为追荐祖先而举行。盂兰盆是梵音，意思是救倒悬。按《盂兰盆经》载，释迦弟子目莲，看到死去的母亲在地狱受苦，如处倒悬，求佛救度。释迦要他在七月十五日僧众安居终了之日，备百味饮食，供养十方僧众，可使其母解脱。佛教徒依此而举行盂兰盆会。这风俗在泉州长期甚为盛行，至今犹存。

当时泉州与东南亚关系密切，交往频繁，东南亚文化元素渗入泉州，优良粮食品种也传入泉州。典型者，莫如占城稻。当时的泉州，是接待占城使节的口岸。占城稻，耐旱，成熟期短，产量颇高，适合泉州地理环境和气候，宋真宗时引入。按乾隆《泉州府志》载：鉴于福建田地大多位于高高的山坡上，宋真宗遣使求得十石占城稻稻种，赠送给福建农民，作为种子，推广种植。估计占城稻是在泉州首先落脚，随后逐渐向闽中闽北推广。泉州与渤泥亦有交流。按《宋史》载，北宋元丰年间，渤泥王锡理麻喏，派使节来向宋朝贡方物，完成使命后，使节请求从泉州坐海船归国，宋廷应允。此外，泉州陶瓷输入东南亚各国，受到广泛青睐，为之提供了精美食具。

那个时期北非和欧洲也有不少人来泉州。北非有摩洛哥旅行家伊本·白图泰。欧洲人在南宋时已有人来泉州。著名的《光明之城》作者，意大利安科纳人雅各，南宋末年来泉州经商，见到许多欧洲人。元朝，意大利旅行家马可·波罗、鄂多立克、马黎诺里等，都曾到过泉州。这些人的游记中，都留下有关泉州的记载。元朝来泉州传教的方济各会刺桐主教哲拉德、佩莱格林、安德烈等人，既带来了欧洲文化，又通过游记和书信等形式，把中国文化和科学技术介绍到欧洲。最为典型者，莫如泉州造船技术与制瓷技术。当时，许多外国商人、传教士、旅行家，都喜欢搭乘泉州海船，马可·波罗对泉州海船亦作了详细介绍，水密隔舱技术首次被介绍到欧洲。泉州的陶瓷技术，亦受到欧洲人欢迎，法国和别的欧洲国家，也仿造德化的白釉瓷和孔雀绿釉瓷。

可见，宋元时期的泉州，是古代世界文化和科技交流的重要窗口，这种双向甚至多向的文化和科技交流，既大大丰富了泉州文化，也增进了世界各国对泉州乃至中国的了解和友谊。

涂门街的清净寺

宋元时期，寓居泉州的海外番人中，西亚的阿拉伯和波斯穆斯林居多，融入泉州文化的海外文化元素中，亦以伊斯兰文化最为显眼，北宋时建造的至今仍屹立于泉州涂门街的清净寺，可谓是个很好的历史见证。

清净寺是伊斯兰教寺。伊斯兰教这个世界性宗教，自7世纪初穆罕默德创建后，很快通过海路传播到泉州，泉州也成为伊斯兰教最早传入中国的一个城市。

宋代，大量阿拉伯人和波斯人陆续通过海路来到泉州经商定居，泉州城南形成的番坊，亦以阿拉伯人和波斯人居多。这些来自西亚的番商番客，带来了各种番货，亦带来了所信仰的伊斯兰教，并得到了泉州人民的尊重。随着时间的推移，这些穆斯林不仅人数愈来愈多，经济实力亦愈来愈雄厚。于是，他们开始申请在泉州建造清净寺，得到泉州官府的允准，亦得到泉州百姓的允准。涂门街的清净寺，就是在这种背景下建造的。

泉州涂门街清净寺，位于涂门街中段北侧，又称艾苏哈卜寺，始建于北宋大中祥符二年（1009年），至今已有千年历史了。该寺门楼北墙，镶有一块元代阿拉伯文石刻，介绍了建寺的最初时间及元代的重修和扩建。石刻刻文的汉语译文为：此地人们的第一座清真寺，就是这座叫作古寺的被祝福的寺，它又名艾苏哈卜大寺。该寺建于伊斯兰纪元400年。300年后，艾哈默德·本·穆罕默德·古德西，亦即人们所熟知的设拉子人哈只重修并且加以扩建，又建筑了这座巍峨的拱门，高大的走廊，华美的门和崭新的窗。伊斯兰纪元710年竣工。此举为求得至高无上真主的喜悦。愿真主宽恕他，以及他的家属。根据寺内碑记，以及其他资料，可知明清到民国时期，又有多次重建或修葺。

清净寺，全部用青色或白色花岗岩石建造，占地面积广阔，建筑宏伟精美，是依照叙利亚大马士革伊斯兰教礼拜堂的形式而建的。现存的主要建筑物，有大门楼、奉天坛、明善堂。大门楼的外观，具有传统的阿拉伯伊斯兰教建筑形式。大门朝南，高12米，宽近4米，用辉绿岩条石砌筑，分为外、中、内3层。1、2层皆为圆形穹顶拱门，3层为砖砌圆顶。楼顶平台称望月台，伊斯兰教徒斋月时用以望月，以便确定起斋日期。奉天坛是穆斯林礼拜的地方。西墙正中有个高大的拱形壁龛，龛内刻有古阿拉伯文的

《古兰经》经文石刻，保存完好。明善堂在寺的西北角，建于明代隆庆初年。明善堂前面，矗立着一个颇大的出水莲花石香炉，亦是宋代的精雕，至今有近千年历史，莲花寓意清净与洁白，正是清净寺的某种象征。整座建筑巍峨壮观，时至今日，仍然显示出相当的气派，可以想象，当年众多侨居泉州的穆斯林，齐聚于这座清真寺做礼拜，场面颇为宏大。

清净寺坐落位置颇为奇特，左侧是泉州最为著名的关帝庙，右侧则是泉州府文庙。千百年来，它们和平共处，相互依偎，共同佑护泉州人民，推动泉州社会的发展。依此而论，泉州人民的包容精神和兼收并蓄精神，委实令人惊叹。清净寺中有块明代石碑刻，也是很好的佐证。这是明代永乐皇帝的敕谕碑刻，上面镌刻着朱棣颁发的保护伊斯兰教寺公告，全文如下：

> 敕谕 大明皇帝敕谕米里哈只。朕惟能诚心好善者，必能敬天事上，劝率善类，阴翊皇度。故天锡以福，享有无穷之庆。尔米里哈只，早从马哈麻之教，笃志好善，导引善类，又能敬天事，益效忠诚，眷兹善行，良可嘉尚。今特授尔以敕谕，护持所在。官员军民一应人等，毋得慢侮欺凌，敢有故违朕命，慢侮欺凌者，以罪罪之。故谕 永乐五年五月十一日。

如此看来，在对待番人宗教信仰这个问题上，大明皇帝与泉州人民倒是颇为一致，相向而行。这也说明，中国对番国番民风俗习惯和宗教的尊重，中国人民对阿拉伯人民的友好。

涂门街清净寺，这座阿拉伯式古建筑，保存了完整的中世纪叙利亚大马士革伊斯兰礼拜堂风格，是中国现存最古老的一座伊斯兰教寺，亦是国务院公布的首批全国重点文物保护单位。它与广州怀圣寺、杭州凤凰寺、扬州仙鹤寺一道，合称为中国东南沿海古代四大清真寺。它是中国与阿拉伯各国人民友好往来和文化交流密切的历史见证，亦是泉州海上丝绸之路活动的重要史迹。

泉州涂门街清净寺

事实上，宋元时代，泉州清真寺远不止这座。近百年来，泉州发现的大批各种宗教石刻，这当中属于宋元时期伊斯兰教的就有300多方，说明中世纪时，穆斯林是泉州海外交通最主要的一个对象。这些石刻表明，宋元时期来泉州的穆斯林，来自也门、哈姆丹、亚美尼亚、波斯等地，当中又以波斯来的人最多。这些碑刻，主要是教寺建筑石刻和墓葬建筑石刻。教寺建筑石刻表明，除了现存的涂门街清净寺外，宋元时期，泉州至少尚有六七座清真寺，而历史最悠久且最著名的正是涂门街这座清净寺。而且，其他的清真寺都毁于元末明初的战乱之中。虽然如此，今天的泉州，就在灵山圣墓与清净寺的附近，仍有穆斯林后裔4万多人，这也说明伊斯兰教在泉州有着非常突出的影响。

所以，泉州既是伊斯兰教最早传入中国的一座城市，亦是中古时代伊斯兰教活跃发展的城市，见证了中国与阿拉伯和波斯地区人民的友好往来与文化交流。

纷至沓来的洋教

宋元时期，数以万计的海外各国商人、传教士云集泉州，海外各种宗教亦随之而来，除已有的佛教、伊斯兰教外，景教、天主教、印度教、摩尼教、犹太教等，纷至沓来，都在泉州拥有一席之地，留下了各自的踪迹。

景　教

古基督教，有聂斯脱里派和天主教的圣方济各会派。聂斯脱里派传入中国后称为景教，即上帝的阳光普照之义。唐武宗时禁佛，拆毁寺庙，景教亦遭波及，基本在中国消失。元代，景教在中国又重新兴起，和天主教并称为也里可温教。从泉州发现的数十方景教墓碑石刻，足以证明元代泉州景教十分盛行。元代，泉州有许多景教徒，设有景教教官，还建有教寺，称为兴明寺。传统观点认为，元代景教是由陆路传播而来，是伴随蒙古军南下而从中亚、新疆、内蒙古扩展到中原和南方。然而，泉州有景教石刻的年代是南宋末年。这又表明，泉州的景教，南宋就已经传入，且极有可能是从海路传入。因为，从泉州发现的景教石刻来看，图像复杂，文化来源多样，具有海路传播与陆路传播的特点。诸如，四翼天使造型，迄今为止，只在泉州和扬州这两个著名的港口发现，据此可推测这样的造型应是海路传播的结果。

天主教

元代，在泉州流行的还有天主教圣方济各会派。泉州成为圣方济各会的主教区。圣方济各会的孟高维诺，是天主教在中国传教的先驱。他受教皇派遣，航海经印度抵达泉州后渚港登陆后，又从海路抵达元大都，受到元朝皇帝接见。他在北京建了两座教堂。1307 年，教皇任命孟高维诺为汗八里大主教，总管东方教务，同时派 7 名教士来中国襄助传教，可惜仅有幸存的 3 人到达中国。孟高维诺派这 3 人先后担任泉州主教，分别是哲拉德、佩莱格林、安德烈。第三任主教安德烈，意大利人，1332 年，卒葬泉州，墓碑为泉州海外交通史博物馆珍藏。1323 年，安德烈来泉州任主教。1326 年，他在写给家乡的述职报告中，描述了泉州的繁华和他在泉州传教取得的成就。他提到，在哲拉德任泉州主教时，有位富有的阿美尼亚妇女，建了座雄伟华丽的天主教堂。安德烈还用帝国发给的薪金，在泉州郊区建了座华丽的教堂。此外，1322年，意大利方济各会会士鄂多立克，从海路到中国，在广州登陆，再到泉州，并将在印度殉教的4位教友骨骸带到泉州安葬。1346年，意大利方济各会传教士马黎诺里来泉州，又从泉州航向印度返回意大利。按他的记载，当时泉州有3座天主教堂。

印度教

印度教，发端于古代印度，由婆罗门教演化而来。公元4世纪左右，印度婆罗门教在吸收了佛教、耆那教等教的教义和民间信仰后，演化成为印度教。唐代，印度教已传入中国。最迟在公元11世纪初，泉州已有印度教存在，主要由海路传入。元代，泉州印度教盛极一时，马八儿国的泰米尔商人圣班达·贝鲁玛获元廷恩准，在泉州城南建了座印度教寺院，称为番佛寺。百年来，泉州发现了300多方元代印度教石刻，是印度教神庙和祭坛的建筑构件，大部分都刻有图案，雕刻的故事大部分与印度教三大神中的毗湿奴及化身与湿婆及化身相关。元末亦思巴窦战乱和明代的排斥，印度教在泉州逐渐消失。但是，泉州城北县后街的白耇庙，仍被许多专家认为是明代印度教的遗存。白耇庙原称“白狗庙”，庙内焚纸炉上有两方印度教林伽派石刻。泉州还有不少印度教遗物。泉州开元寺大雄宝殿后廊中两根独具特色的青石柱，就是印度教罕有的遗物，柱上有刻图，形象地描绘出印度教的神话故事。这两根大石柱是从别处移入的，原来另有所属。此外，泉州新门外浮桥边的那根充满神秘色彩的石笋，据说也是印度教传入泉州的遗物。因为，印度教以湿婆神林伽生殖器为象征的崇拜物，类似石笋。这石笋最迟在北宋就有了。泉州人对之始终充满一种神秘的敬畏之情，晋江水流经这里，称为笋江，泉州太守在这里

泉州县后街白耇庙

所造的大桥，称为笋桥，当那根石笋在宋代被郡太守高惠连击断后，泉州人对这位太守恨得咬牙切齿。

摩尼教

公元3世纪中叶，伊朗人摩尼创立摩尼教。这个在世界上传播并不广泛的宗教，亦于很早就在泉州占有一席之地。唐会昌年间，摩尼教呼禄法师游方泉州，卒葬清源山麓。宋元时期，摩尼教在泉州影响扩大。晋江草庵，目前尚存的元代摩尼教教寺，就是明证。该庵创建于元朝后至元五年（1339年）。庵的正厅后侧有一堵巨岩，壁上镌有一圆形佛龛，龛内精刻着一尊摩尼光佛浮雕坐像，高达1.5米。雕像全身均为灰白色，面部则为青草石色，而手部又是粉红色，端坐于莲坛之上，背后光圈射出波形毫光，颇为奇特。庵门还有一楹联云："万石峰中，月色泉声千古趣；八方池内，天光云影四时春。"摩尼教于明初开始衰落，已很难见到它的踪迹，而泉州这座摩尼教草庵，竟成了全国绝无仅有的宝贵史迹，所以，也成了国家级重点文物保护单位。一般认为，摩尼教传入中国，是由陆路传入。泉州的摩尼教，没有确切证据表明它是由海路传入的。然而，它在宋元时期的兴盛，至少表明它与这期间泉州海外交通的发达有着密切的关系。大量来自波斯的番客居留泉州，显然为这个宗教在泉州的传播提供了很好的基础。1991 年联合国教科文组织海上丝绸之路考察团考察了草庵，惊喜地看到了目前世界上唯一的摩尼石雕像，将之称为整个海丝考察团考察活动最大的收获。

晋江草庵

总之，迨至宋元时期，几乎世界上所有影响较大的宗教，都曾经在泉州拥有一席之地，争奇斗艳，缤纷多彩，鼎盛之极。泉州至此亦已经基本成为宗教博物馆。而这种局面的出现，无疑与海丝活动有直接的重要关系。

第三篇 深缘难解

明清时期，朝廷长期推行海禁政策，严禁百姓出海和对外通商，泉州海交贸易活动受到很大压制，然而，海外交通活动没有停止，私商贸海更是异常热闹，而且，大批百姓漂洋过海迁移台湾地区和南洋各地，近代，泉州海交活动日趋消沉，中华人民共和国成立后，尤其改革开放以来，泉州港旧貌换新颜，海丝活动焕发出新的青春和活力。

明代严酷的海禁

明代，朝廷推行严酷的禁海政策，同时实行朝贡贸易制度，使泉州海外交通贸易环境发生了重大变化，海外交通贸易活动受到很大压制，昔日甚为繁华的泉州港，日渐冷落，风光不再。

明代以前，历代统治者对海外交通贸易向来采取开放的政策。唐宋元时期，对于来华贸易的番商更是极表欢迎，并给予保护，对于番商的商业活动与住居乃至文化习俗，都给予充分尊重并提供各种方便和照顾。明代，国内外形势发生了重大变化，明王朝对外交往政策也发生重大变化，长期实行严厉的禁海政策，官方包办与周边国家的贸易，实行朝贡贸易。

明王朝建立后，朱元璋为了防止逃亡海上的张士诚、方国珍等反明残余势力卷土重来，也为了防范屡屡骚扰东南沿海的倭寇，巩固海防，保障海疆安全，很快便实行严厉的禁海政策，严格限制对外贸易，禁止私商出海，并且反复重申禁令。洪武四年（1371

年），朱元璋宣布禁海，禁止交通外邦，禁止沿海百姓私通番国，禁止人们下海捕鱼，禁止使用番国香料和货物，禁止番国商品在中国流通买卖，禁止私人到番国经商。洪武二十三年（1390 年），朱元璋又明确提出：现今，两广、浙江、福建，愚民无知，往往交通外番，私易货物，故应严禁。沿海军民官吏，纵令私相交易者，悉治以罪。洪武二十七年（1394 年），朱元璋为断绝番货销路，又重申禁令，宣称敢于私下与番商贸易者，必以重典伺候。明成祖朱棣时期，朝廷甚至下令，禁止建造双桅海船，以防止人民利用这种便于远航的海船扬帆出海。然而，终明一代，泉州沿海的海禁与反海禁斗争，始终处于非常激烈的状态。

明王朝实行禁海，严禁私人出海贸易，严禁沿海百姓与海外往来，而与周边国家的贸易则全由官方包办，实行朝贡贸易。所谓朝贡贸易，就是与明朝建立关系的国家，在朝贡名义下随带货物来华贸易。这种制度既是为了加强对海外贸易的控制与垄断，亦是在政治上宣示作为海外诸国的宗主国地位。明朝为了发展官方海外贸易，不断派遣使臣分赴海外，招徕海外诸国进行朝贡贸易。泉州也有些人充当使臣。按泉州《清源林李宗谱》载，洪武九年（1376 年），族裔林驽，奉朝廷之命乘坐海船出使西洋，8 年后，再次奉命出使西洋忽鲁谟斯。林驽奉命出使西洋，当是联系西洋国家与明朝发展贸易关系。

可是，即便是对官方贸易，亦即朝贡贸易，明王朝也有种种的限制。它明确规定贡道，要求朝贡船舶必须停泊于指定的港口，按规定路线将贡品运到北京。日本贡船规定泊于台州或定海，真腊、占城、暹罗、满剌加等国贡船泊于广州，琉球贡船永乐初年规定泊于泉州，由设在泉州的市舶司接待。朝贡船舶只能按照固定的期限、航道和人数，运载限定数量的香药等货物来华互市。这和宋元时期外商可自由来华贸易，也是大不相同的。明王朝实行这种政策，必然影响海外交通事业的发展。当然，这是属于全局性的。但是，就泉州而言，影响同样很大。虽然，明朝初期的洪武七年（1374 年），朝廷就在泉州设立市舶司，但是，被限定于仅通琉球。尽管，亦有其他国家假借琉球之名来泉州互市，可是，这种转口贸易的做法，数量毕竟不可能太多。

石狮祥芝港

明王朝坚持海禁，并视之为国策，无论出于何种动机，它对于泉州的海外贸易和海外交通，消极影响是很大的，必然沉重地打击泉州港，大大地抑制了泉州海外交通的发展，导致泉州海外交通的衰落。明朝统治者规定泉州港只通琉球，这标志着泉州港由一个国际性大港下降为地方性港口。而且，成化八年（1472 年），市舶司从泉州迁往福州。由于地理位置的关系，琉球贡使到福州比到泉州更为近便。泉州港的地位终于为福州所取代。市舶司的转移，泉州市舶司被废除，这正是泉州港衰落的重要标志。

当然，泉州港在明代走向衰落，尚有如下几种因素：

首先，元末战乱的破坏。元末，泉州地区发生亦思巴奚兵乱，统治阶级内部互相攻杀，前后延续十年时间，泉州社会经济遭到严重破坏。因为战乱，泉州港同亚非国家的贸易无法进行，在战乱中又有排外风潮，许多外国商贾纷纷航海离去。这场战乱使泉州海外交通遭到严重破坏。

其次，倭寇的侵扰劫掠。泉州从洪武初年起，开始受到倭寇骚扰。嘉靖年间，泉州所属各县，皆受到倭寇骚扰，南安、永春、安溪县城，都被倭寇攻陷过。倭寇骚扰严重危害了泉州百姓生命财产安全，亦严重影响了海上交通运输的安全，海外国家来华商船因受倭寇劫掠而减少，泉州海外交通范围和规模日渐缩小。

最后，西方殖民者东侵。15 世纪后，欧洲葡萄牙、西班牙、荷兰等殖民主义国家，纷纷向东方扩张，进行资本掠夺。葡萄牙和荷兰殖民者，相继侵入泉州。这些西方殖民者，既是商人又是海盗，在海上拦劫商船，使东西方之间正常的海上贸易受到干扰，阻碍了泉州海外交通的发展。因此，明代的泉州港，呈现出空前的萎缩，繁荣已成为过去。

琉球的泉州来客

明朝厉行禁海的同时，又实行朝贡贸易，泉州自洪武初年设置市舶司至成化八年（1472 年）市舶司迁往福州，前后百来年间，作为琉球朝贡的正道，在中琉交往中扮演了重要角色。

明朝洪武初年，朝廷在福建、广东、浙江设置市舶司。福建市舶司设于泉州，管理对琉球的贸易。泉州也成为明代中外使节进出的主要港口。洪武三年（1370 年），御史张敬之、福建行省都事沈秩出使渤泥，永乐十三年（1415 年），少监张谦奉使渤泥，都是从泉州港出发。外国使节也从泉州登陆。永乐三年（1405 年），朝廷在泉州设来远驿，接待海外诸国贡使。按《明史》载，是年，因为番国贡使日益增多，乃设置来远驿于福建、浙江、广东三市舶司，用以接待番国贡使，福建称来远驿，浙江称安远驿，广东称怀远驿。成化八年（1472 年），福建市舶司从泉州迁到福州。

明朝与琉球的朝贡期，明初规定一年一贡，亦有

泉州明代来远驿遗址

一年两贡、一年三贡，甚至多贡，诸如洪武二十九年（1396 年），达七贡，永乐十一年（1413 年），亦达六贡。福建市舶司迁往福州前，贡船大多按规定在泉州进行朝贡贸易。琉球入贡的物品有马、刀、金银酒器、玛瑙、象牙、降香、檀香等，明朝赐给琉球的则以瓷器、铁器、文绮、沙罗为主。

明初，鉴于琉球国航海造船业十分落后，明朝为确保朝贡贸易顺利进行，特赐给琉球海船，迨至永乐年间，已赐给琉球国海船 30 多艘。这当中，就有泉州崇武经百户所掌之船送给中山王。按《崇武所城志》载：百户经，掌勇字五十九号，四百料官船一只。此船后送琉球国中山王，派遣长史郭祖尾往该国。按龙文彬《明会要》载，洪武二十五年（1392

年），明太祖赐给琉球闽人36姓善于操舟者，令往来朝贡。明朝将这些善操舟者赐给航海技术落后的琉球国，亦是为了保证朝贡贸易的顺利进行。闽人36姓到琉球，琉球国王即让其选择地方居住，所居之地称唐营，亦称营中。

闽人36姓移居琉球，成为琉球对外关系活动的主要角色，且将中国科技文化传播到琉球。这36姓中，明确记载祖籍泉州的有蔡姓的蔡崇，泉州南安人，因是宋端明殿大学士蔡襄6世孙，在明朝赐琉球36姓中居显赫地位。按《明实录》载：琉球中山王长史蔡璟，因其祖先本是福建南安人，洪武初年，奉命出使琉球国，导引进贡，授通事，父亲袭通事职，传至蔡璟，升任长史。除蔡姓外，据冲绳《吴江梁氏家谱》载，奉迁琉球的36姓中的梁姓，是闽地吴杭江田人，系南渡宰相梁克家后裔。吴杭即长乐县，梁克家系泉州人。36姓中梁氏虽迁自长乐，远祖却在泉州。

明代，泉州在中琉友好交往中发挥了重要作用。中琉友好交往过程中，有泉州籍从客与护使都司和冠带通事，有泉州与琉球的科技文化交流等。明代，册封琉球的使臣，乘封舟过海，皆有从客随行。从客多为使臣选择的文人、书画家、琴师、高僧、道士等各行各业多才多艺之人。万历三十四年（1606年），使臣夏子阳、王士祯从客中，就有泉州人王元卿。按乾隆《泉州府志》载，王元卿，晋江人，府学生员，颇有名气，尤长于诗。中琉友好交往中，翻译人才发挥了一定作用，泉州人林易庵就是当中一个。据《清源林李宗谱》载，林易庵通晓琉球语，被道府推荐为通事。成化二年（1466年），林易庵带着长子林琛，招引琉球入贡，后因年迈辞去通事职，皇帝恩赐冠带。林易庵作为引琉球入贡的通事，这与家族背景有密切关系。他出身于泉州航海经商世家，曾祖父林闾，常跟宗亲扬帆海外经商，祖父林驽，洪武初年奉命乘船出使西洋，娶色目人，熟悉西洋风俗习惯。

明代，泉州与琉球关系密切，往来频繁，双方文化交流也很多。姚旅成书于万历末年的《露书》，载有明代福建子弟到琉球演戏，所演的就是泉州梨园戏。琉球民俗亦受到泉州很大影响，突出表现在四个方面：一是泉州镇风、保平安的风狮爷崇拜，随着中琉友好交往和泉州人移居琉球，这种风俗也传到琉球，并发展出镇邪、镇冲、镇煞等多种功能；二是保护房屋的石神石敢当，传入琉球，通常放置于住宅正面，村庄和街巷口对着直冲过来的道路，以及桥梁或丁字路口，用来镇煞，压制不祥；三是泉州风水观念传入琉球，琉球人崇信风水，并使用风水一词；四是民俗节日，琉球许多民俗节日与泉州相同，诸如五月初五称端午节，各地有赛龙舟，十二月廿四日祀灶君公，是夜灶神上天，以一家所行善事奏于天帝，正月初四接神，七月十四日祭祖宗等。

泉州与琉球亦有科技交流。明代，琉球野国总管到惠安，将甘薯苗和栽培技术带回琉球，进行种植和推广。日本番薯就是从琉球引进的。琉球优良品种也传播到泉州。泉州有种优良花生品种叫琉球花生，壳薄粒饱满，就是从琉球引进的。

泉州还成为明代琉球与西方交往的桥梁。明朝时期，葡萄牙、西班牙、荷兰等西方殖民者，先后来到泉州。按张天泽《中葡早期通商史》载，第一个访问泉州的葡萄牙人马斯卡伦阿斯，1517 年任“圣地亚哥”号船长，经由泉州前往琉球访问，抵达泉州时，无法在信风季节前往琉球，暂时逗留泉州，并与泉州商人进行贸易，发现在泉州可以赚到与广州同样多的利润。

襄助郑和下西洋

明朝初期，中国伟大航海家郑和，率领庞大船队7次下西洋，这一壮举，亦与泉州有诸多关系。郑和曾经停泉州，在泉州留下了不少遗迹，并得到泉州人的不小襄助。许多泉州人还追随郑和下西洋，甚至最终留居海外。

明朝建立后，随着政权的稳定，为宣示国威，发展对外关系，不断派遣使臣分赴海外。最为著名者，是郑和7次下西洋。自永乐三年至宣德八年（1405—1433年），郑和统领舟师，前后7次出使西洋访问，在中国和世界航海史上，写下了不可磨灭的篇章。

郑和，原姓马，云南晋宁人，生于明洪武四年（1371年），卒于明宣德八年（1433年）。先祖为西域人，元初移居中国，信奉伊斯兰教，祖父和父亲都曾到麦加朝圣。郑和在明初入宫为太监，追随燕王朱棣起兵有功，赐姓郑，先后被封为三宝太监、南京守备太监、钦差总兵太监。

郑和先后7次率领庞大船队，浩浩荡荡，经太平洋入印度洋，访问了南洋、印度、波斯及东非等地 30 多个国家。郑和船队带去大量丝绸、瓷器、茶叶，且带有许多金银、铁器、家具等，换回各国土特产。这些交易活动是在公平、友好气氛中进行的，达到了经济上互通有无的目的。郑和下西洋比哥伦布发现新大陆和达·伽马发现新航路早半个世纪，在政治上、经济上都产生深远影响。

郑和下西洋促进了中外经济文化交流，加强了中国与海外诸国关系的沟通，也有力地推动了泉州大批商人、水手、农民、手工业者，沿着这条路线到南海各地经商谋生。泉州沿海许多地方，亦与郑和下西洋有密切关系。

郑和下西洋的船队，有 200 多艘船，包括宝船、马船、粮船、座船、战船、水船等。尤其是宝船，身份特殊，体量最大。宝船，船队中最大的船，相当于现代大型舰队中的旗舰，船长 44.4 丈，宽 18 丈，为领导成员和外国使节所乘坐，并装载赐给各国的礼物和各国的朝贡珍品。郑和首次下西洋，共有船 208 艘，当中有宝船 32 艘。这些宝船，有的是在福建制造，按《明实录》载，永乐元年（1403 年），命福建都司造海船 137 艘。翌年，因即将遣使赴西洋诸国，又命福建造船 5 艘。当时的泉州，海外交通发达，造船历史悠久，造船技术先进，郑和宝船部分在泉州制造完全可能。

明永乐十五年（1417 年），郑和第 5 次下西洋，从泉州启航。郑和曾到泉州灵山圣墓行香，祈求圣灵庇佑，且立碑为记。伊斯兰教徒在海上航行祈求真主保佑，或举行祈风，郑和则到泉州灵山圣墓行香。郑和是伊斯兰教徒，灵山圣墓是伊斯兰教先贤之墓，郑和到此行香，亦是祈求穆罕默德先知的庇佑。郑和行香碑文云："钦差总兵太监郑和，前往西洋忽鲁谟斯等国公干。永乐十五年五月十六日于此行香，望灵圣庇佑。镇抚蒲和日记立。"蒲和日，据称是蒲寿庚族人，随郑和下西洋，有功，后加封泉州卫镇抚。

郑和灵山圣墓行香碑

郑和还到泉州清净寺礼拜，到泉州天妃宫行香祈求妈祖保佑航海平安。海神妈祖，古代航海者祈求保佑的主要神祇。郑和既乞求伊斯兰教的保佑，亦乞求佛教的保佑，同时还乞求海神妈祖等俗神保佑。永乐五年（1407年），郑和出使古里、满剌加诸番国返回后，声称神祇灵应，并奏令福建镇守官重修泉州天妃宫。

郑和在泉州招募水手、武装人员、杂役、翻译等。泉州是当时重要的造船之地，又是重要的海外交通港口，有许多熟悉阿拉伯、南洋等地情况的人才和通事，所以郑和在泉州补充船队技术人员和通事等。泉州大批富有航海经验和具有各种技能的人，被郑和招聘，跟随出使西洋。所以，郑和随行人员中有不少泉州人。诸如，晋江蒲氏家族的蒲和日，就是被郑和聘为翻译。安溪湖头宗城郑回，任泉州卫千户所百户，随郑和下西洋。永春留安刘尾治，在南京从军，宣德六年（1431年）随郑和下西洋，在苏门答腊殉职。随郑和下西洋的泉州人，有些在船队到达爪哇巴达维亚、旧港、文莱、马六甲等地后，没有再返回泉州，留居当地，成为早期华侨。泉州人白丕显，入伍当兵，随郑和下西洋，到菲律宾苏禄后，因与当地摩罗族妇女相爱，不再随船队前行，留在苏禄，成了该岛的首个华侨，最终卒于苏禄，坟墓及生前住所今犹存。晋江深沪科任村吴望，随郑和下西洋，被封为中营先锋，曾到暹罗。传说郑和船队曾停泊深沪湾，深沪海边还有三保街、日月池等与郑和有关的史迹。据《卫所武职选簿》载，随郑和下西洋的泉州人还有：蒲妈奴，晋江人，福州右卫试百户；纪均安，晋江人，镇东卫试百户；石玉，泉州卫副千户；泉州卫百户陈旺、李贞保、周寿；永宁卫指挥使干八秃帖木儿，指挥同知钟宣，指挥佥事李实，正千户穆赟，副千户潘祐、宋德，百户徐海、李忠等。

随同郑和下西洋的泉州人，奉其信仰的神灵香火以行。按乾隆《泉州府志》载，晋江青阳石鼓庙的顺正王，敕封于明永乐年间，石鼓有乡人随郑和出使西洋，奉神灵香火以行，船在海上发生剧烈颠簸，后因得神灵佑护，平安无事。郑和返回后，向朝廷奏报此事，敕封顺正王。

郑和下西洋在泉州的史迹，尚有不少。三保公镇海神针、接官亭、郑和堤、三宝宫等。镇海神针是个大铁锚，高近 3 米，重近 800 公斤，传说是郑和的镇海神针，现存于泉州海交史博物馆。惠安百崎为回族乡，据称，郑和第 5 次下西洋，船队泊于后渚港候风，郑和到百崎探访郭仲远，郭率全族子孙在渡口石亭恭迎，此后，石亭改名接官亭。郑和到百崎时，了解到风潮海浪浸漫莲埭海滨，命将士协助村民修筑海堤以阻海潮，乡民感念其恩德，命名为郑和堤。惠安东园镇琅山村有座三宝宫，奉祀三尊石雕像，称为三宝佛，亦即三保太监郑和。

锡兰王子泛海来

明代的泉州，朝廷海禁，除了琉球外，官方海外交往并不是很多，锡兰王子泛海而来，并最终留居于泉州，可谓是件大事了，而这事亦与郑和下西洋有密切关系。

锡兰，今天的斯里兰卡，印度洋上一个美丽岛国，历史悠久。中国与锡兰的友好交往源远流长。据史书载，早在公元4世纪末的晋孝武帝时，锡兰就派遣沙门昙摩携带1尊玉佛，前来中国访问。中国高僧法显，亦于东晋义熙六年（410年），前往锡兰，取回佛教典籍多种。南朝时双方继续有往来，此后交往不断。泉州素为海上丝绸之路一个重要起点。锡兰出土的古物，有中国古代钱币和宋代瓷器。这些都说明，中锡之间很早就有文化交流和贸易关系。郑和下西洋，把这种关系发展到新阶段。迨至明天顺三年（1459年），锡兰王子世利把交喇惹来到泉州，并最终定居泉州。

明永乐五年（1407年），郑和第2次统舟前往西洋各国，途经锡兰山国。据《郑和布施锡兰山佛寺碑》载，郑和船队到锡兰山登陆时，为修友好，礼佛于佛寺，并布施锡兰山立佛等寺庙诸多供养：金1000钱，银5000钱，各色纻丝50匹，各色绢50匹，以及古铜香炉、古铜花瓶，金香盒等。永乐七年（1409年），郑和第3次下西洋，访问锡兰山国时，锡兰山国国王亚烈苦奈儿，态度傲慢，且欲谋害舟师。郑和觉察，离开锡兰山往他国。回程时再次访问锡兰山国，亚烈苦奈儿诱骗郑和到国中，发兵5万围攻郑和船队，又伐木阻断郑和归路。郑和趁敌军倾巢而出，国中空虚，带领随从官兵2000人，趁夜突袭亚烈苦奈儿王城，破城而入，生擒亚烈苦奈儿及其家眷。永乐九年（1411年），郑和船队还朝。明成祖赦免了亚烈苦奈儿，下诏另择贤君。有个叫邪把乃那的人，锡兰人皆称贤明。于是，明成祖遣使携印诰封为王。旧王亦遣送回国。

邪把乃那本也是位王子，在位55年，漫长的统治时期，被称为锡兰历史上的光辉时代，最伟大的一位国王。这位国王，曾于明永乐十四年及十九年（1416年、1421年），携带贡物亲访中国，并于宣德八年（1433年），正统元年（1436年），正统十年（1445年），天顺三年（1459年），遣使来中国。最后这次的使者，是王子世利把交喇惹，或称昔利把交喇惹。

世利把交喇惹到中国后，锡兰发生政变，王位被外侄篡夺。正打算从泉州港回国的锡兰王子，得知消息后，只好滞留泉州。最终，锡兰王子决定留居泉州。后来，锡兰王子又与一位阿拉伯裔蒲氏女子成亲，并取自己的名字世利把交喇惹的第 1 个字“世”为自己的姓，从此隐居泉州。

锡兰王裔留居泉州后，在泉州建置产业，学习汉文化，与上流社会人士通婚，积极参与善举活动，融入泉州社会。他们接受儒家宗法思想，建大小宗祠，修族谱《世氏家传》，订族规《锡兰祖训》，重视以儒家思想教育后代，在《锡兰祖训》中说：吾家世读儒书，凡事须依礼而行。有的还通过科举成为明朝官员。明清两朝，世氏家族分别出了一名举人。明万历四十六年（1618 年），世寰望中举。清康熙五十二年（1713 年），世拱显中举。雍正年间，泉州郡守修府志，聘请世拱显参修，亦可见其历史文化素养颇高。

泉州现存不少与锡兰王裔有关的史迹：

一是白狗庙。位于城北县后街与模范巷交界处，坐北朝南，大门正对县后街。庙因奉祀毗舍耶，即印度教山神，泉人称为白狗神，故得白狗庙之俗称。庙中的白狗，嘴尖而不吐舌，雄性，全身漆白，泥塑。这只白狗本名叫毗舍爷、石狗公，原为印度婆罗门教神，传入中国后为民间所崇拜。据

泉州涂门街锡兰侨民旧居

称，这只白狗救过锡兰王子一命，死后被王子后裔建庙祭祀，并取了个文雅的名字白耇庙。1925年，白耇庙焚纸炉上发现砌着两方印度教石刻，经翻译，内容是两个古代流行于锡兰的印度教神话故事：白象和蜘蛛斗争的故事，婆罗门甘地沙代替牧人放牛的故事。

二是家族墓葬区。位于泉州城东东岳山，称为世家坑，墓葬区有数方墓碑，诸如“明使臣世公孺人蒲氏墓”碑和“通事世公慈淑谢氏墓”碑。这是研究锡兰王裔在泉州历史的重要实物资料。

三是释迦寺。位于泉州涂门街南侧东鲁巷内，清朝康熙初年，世氏家族的世震初，买下了这片土地，并捐献出来，盖了这座庙。

四是世家古大厝，亦位于泉州涂门街。

明代锡兰王子留居泉州，是郑和下西洋所结的果，亦是历史上中锡友好交往的一件大事。锡兰王子居留泉州及其后代在泉州的活动和发展，对于促进中锡人民友好往来和经济文化交流，做出了卓有成效的贡献，它是中锡人民友谊的结晶和见证。

私商蹈海敢犯禁

明朝建立后，长期实施海禁，严禁百姓出海和对外通商，这种极端政策，对于以海为田的泉州沿海百姓来说，无疑是难以忍受的。大批为生计所迫的百姓，不顾朝廷禁令，出海经商，私商贸海活动异常活跃。

明朝推行严酷的海禁，视正常海交贸易为走私。可是，朱明王朝也许始终无法明白，像泉州这样的沿海地区，大批无地或少地的百姓，许多人衣食要靠大海，经营海外贸易有多么重要，禁止出海，禁止从事海外贸易，无异于断绝他们的重要生路。因此，为了维持基本生计，寻求新的生存空间，或者博取更大利润，必然想方设法摆脱这种不合理禁锢。何况，泉州偏僻又遥远，山高皇帝远，沿海港汊又甚多，统治者真要不折不扣地贯彻落实禁海政策，也有点鞭长莫及，有点力不从心。于是，明代永乐、宣德以后，泉州沿海百姓纷纷冲破禁令，冒死出海经商，犯禁出海日渐活跃，犯禁出海通番日趋普遍，私商贸海活动日益兴盛。沿海许多地方的商人，以及不少无地或少地的农民，利用紧靠大海的地理条件，泛海做私商，把丝、棉、瓷器等物品运载出洋，换取香料等番货及白银，作为重要的谋生手段。

明代泉州的港口，大多成为犯禁出海之地。当时的泉州，有洛阳港、后渚港、石湖港、祥芝港、永宁港、深沪港、福全港、金井港、围头港、东石港、安海港等。这些港口，除了后渚港是官方指定的贡舶贸易港口外，余者全都成为私商贸海的活动口岸。除大名鼎鼎的安海港外，围头港也是私商贸海的重要港口。明代黄堪《海患呈》载：嘉靖二十六年（1547年）三月，就有日本走私船十几艘，停泊于围头港湾。四方逐利的商民，云集于此交易，人来人往，络绎不绝，冷清的海滩，成了热闹的私商贸海市场。私商贸海之盛，可以想见。

明代泉州私商贸海，路途甚为广阔，日本、高丽、越南、柬埔寨、印尼、菲律宾、印度等，无所不至。私商贸海的货物，亦是品种繁多，五花八门，主要是把国产丝、绸、棉、瓷器、铁器等物运载出海，换取香料等番货及白银返回。

明代泉州违禁从事贸外活动的私商，虽有不少外地人，有不少外国人，可主体无疑是泉州人，数量相当可观。主要有两种：一种是官僚、地主、巨商，即豪门巨室组成的海外贸易集团；另一种是由中小商人、破产农民、渔民、小手工业者等参加的违禁贸易。顾炎武《天下郡国利病书》称：泉漳两郡商民，贩东西两洋，代农贾之利，比比皆是也。张燮在《东西洋考》中叹曰：大抵闽省纲纪大坏，人人思乱，实在可虑，漳泉亡命，何知三尺。何乔远的《闽书》也说：多年来，泉州沿海私商，不断前往番国，尤其是吕宋。最初往吕宋的私商，获利数倍。后来，各地私商纷纷涌到吕宋，利润也就薄了。可是，前往吕宋的私商还是络绎不绝。

明朝统治者面对如此之多视朝廷禁令为儿戏的沿海百姓，当然不会听之任之，除不断重申禁令外，也不断推出压制措施，诸如派出官军进行围剿，手段极为严酷，试图加以制止。然而，禁越严反抗愈激烈。因为，泉州沿海百姓，不少要靠海谋生，下海捕鱼或出海贸易，获得生存资源。这不过是个简单道理，连封建统治阶级所修的正史，也不得不承认这个现实。正如《天下郡国利病书》所言：海者，闽人之田也。海滨民众，生理无路，加上接踵而来的饥馑，穷苦百姓，往往入海，跟随海盗，啸聚亡命。海禁一严，无所得食，则转掠海滨，海滨男妇束手受刃，子女财物尽为所有。这段话说得颇为到位，也颇为正确。大海对泉州沿海百姓来说，无异于是农民耕种的田地。推行极端海禁政策，不论该禁不该禁，统统全禁，既禁私商外贸，连百姓捕鱼也禁，片帆不得下海，这种做法，无论出于什么动机，无论有多少理由，总是因噎废食，做得太过分了。可是，凡事物极必反。百姓既然要生存，就不会坐以待毙，必然要突破束缚。于是，普通的穷苦百姓，只好下海，追随海盗，相聚一团，成为亡命之徒，海禁严厉，海上可抢劫对象减少，于是，转而经常骚扰沿海，弄得沿海鸡犬不宁。而那些豪门巨室组成的海外贸易集团，则配备武器，武装护航，用武力保护外贸活动，防备官军的追捕和盗贼的寇掠，有时他们在海上也进行弱肉强食的活动，走上了亦商亦盗的畸形道路。海商集团变成武装海商集团，一个接着一个，相继亮相于历史舞台，纵横驰骋于泉州海上。

这些武装海商集团，被官府笼统称为海盗或海寇，这与其行为不无关系。虽然，他们大多并非真正意义上的海盗，并非纯粹从事海上劫掠的匪盗。正如明人郑若曾《筹海图编》所言：嘉靖初年，撤销市舶司，重申海禁。允许私商贸海时，海寇转为商人，禁止私商贸海时，商人则转为海寇。所以，开始禁的是商人，后来变成禁海盗。明朝把这些亦商亦盗的私商，称为海寇。

当时，闽南私商中最负盛名的海寇，有林道乾、林阿凤、李旦、郑芝龙等人。明朝官兵曾多次追捕，始终未能如愿。泉州人李旦，经营海外贸易，初往菲律宾马尼拉经商，后航海到日本贸易，侨居长崎平户。俞大猷曾说过：海贼林道乾，逃去西南番柬埔寨，上山居住，似无复回。

终明一代，明王朝虽煞费苦心，严厉禁海，不遗余力在沿海进行禁海与反走私贸易的斗争，付出了沉重的代价，可是，就泉州湾反私商贸海的斗争而言，并没有高奏凯歌，参与私商贸海的人始终络绎不绝，且越来越多，规模越来越大，手段也越来越偏激，终至举国闻名。

郑芝龙像

安平海商大名扬

明代泉州私商贸海，尽管遍及整个泉州沿海地区，然而，晋江安海镇最负盛名，安海港与安海商人皆名闻天下，当时泉州不少著名的私商，亦出自安海。

安海港又称安平港，是古泉州港的一个重要支港，属于晋江市，在泉州城南20余公里。安海虽离郡城僻远，但是紧靠大海，有良好的港湾，外有石井、白沙相峙为门户，港内海面开阔，是天然避风良港，扬帆一出海门，便为外海，最利于海上贸易。

安海港初兴于唐代，宋代已甚为繁荣，是泉州海外交通的重要港口。按《安海志》载，宋时的安海港，已是重要外贸港口，港通天下商舶，贾胡与民互市。镇市内直街曲巷，皆是贸易店铺，约有千余家，四方逐利者，纷纷前来，随处成交，甚是热闹。安平商人，历史上以喜欢经营海外贸易闻名，宋代就有不少人因此致富。南宋时的安海人黄护，经商积聚，成为家资百万的巨富，亦是德高望重的社会贤达，于地方各项社会事业极为热心。南宋建炎年间，安海建镇时，黄护献地捐资建造镇官廨，并在官廨右侧另建了座鳌头精舍，作为朱熹父亲朱松聚集生员讲学的场所。绍兴年间，他又捐献万缗巨资，倡建安平五里桥。

安海五里桥

明代，泉州沿海 10 多个港口，除了后渚港外，余者都成为私商贸海的活动口岸，这当中，又以安海港最盛，安海商人最为典型。

明代中后期，安海港空前繁荣。当时，安海从商人数特别多，风气特别浓厚。男子长大成人后，大多外出经商，足迹遍及全国，北至燕赵，南达南粤，西到巴蜀。或者扬帆大海，冲风突浪，前往海外各地，到处寻求商机，追逐利润。安海商人在国内外的贸易行为，使它成了这个时期泉州商人的突出代表。明代史学家何乔远，曾把安平商人跟著名的徽州商人相提并论：安海地少人多，外出经商谋生，十家占七家。何乔远《闽书》又称：安海紧依大海，出海经商太方便了，最有利于私商泛海，所以，安平商人比徽州商人还厉害。大量走私贸贸易的船只从这里出发，前往海外与番人做生意，外国走私船也常到这里交易。明代泉州人李光缙在《景璧集》中，亦多处提到安平商人，说安平人大多做生意，四处出动，足迹遍及国内各地，而且，扬帆到海外岛国，甚至是很荒凉的地方，同番人交易，追逐利润。近的地方每年回来一趟，远的地方数年才回来，以异域为家。

明代安平商人的走私商贸海，路途广阔，日本、越南、柬埔寨、印尼、菲律宾、印度等，无所不至。日本和南洋是最主要活动区域。万历《泉州府志》说：从安平港驶向番国的商船，大半是到日本及南洋诸岛国交易。安平商人常假借贩运货物往福州、广东高州、苏州、杭州之名，取得买卖通行证，然后，载着货物扬帆出外海，径直前往越南、日本、吕宋等地，交易获利。明人谢肇淛《五杂组》称：安平商人经商的范围很广，东则日本、朝鲜、琉球，东南则吕宋，南则安南、占城，西南则满剌加、暹罗。相互交易，犹如邻居，夏去秋来，习以为常，所得不菲，绝大多数因此致富。于是，人们纷纷仿效，争先恐后前往这些地方。明代的安平商人，是日本和吕宋等海外贸易市场的重要角色，又以吕宋最有代表性。安平商人李寓西，首航吕宋成功，带动了安平商人纷纷前往吕宋经商。何乔远《闽书》说：明代前往吕宋经商的泉州人，数量最可观者，亦当推安平，很会做生意的安平商人，每每奔逐于走私番船所窃踞的岛屿，与之交易，获取暴利。

明代安平私商贸海的货物，品种繁多，五花八门。安平商人由世界各国运进各种各样的物品，经由安海销往国内通都大邑，直至穷乡僻壤。安平商人常从海外运回珠贝、犀象、乳香、翡翠、胡椒等番货，销售至北京和南京等地。同时，安平商人深入内地收购各种土特产，经由安海集散，销往世界各国。按《安海志》载，安海游商深入安溪、永春、德化，收购棉布和麻布等，运往高州、海南及交趾、吕宋出售。

明代泉州不少著名的私商，郑芝龙、黄程、李寓西、陈斗岩、曾友泉等人，都出自安海。黄程在广东香山澳为海商，也经营对日贸易。李寓西徙居南澳，与番人做生意，还学会讲番语，获利成倍于别的私商，渐渐发迹。后来，吕宋商埠渐兴，又扬帆往吕宋，获利甚多，成为大富翁。安海的许多家族，诸如黄、杨、陈、柯姓家族，甚至是众多族员纠集一起，共同下海走私，名闻一时。明朝最负盛名的海商，明末称雄海上的郑芝龙海商集团，也是以安海为基地，有许多家族成员围绕身边。

郑芝龙，南安人，随李旦到日本，寄居门下。李旦把几艘船和不少财富交他监管，委托他在越南、柬埔寨经商，郑芝龙出色完成任务，给主人赚了厚利，并获得巨大信任。天启年间，李旦去世，郑芝龙继承李旦位置，成为李旦海上商贸集团首领。仅几年间，就称雄于福建沿海。明朝开始视郑芝龙为海寇，屡次企图剿灭，未能得逞，反而被穷追猛打，只好改变策略，招安封官，后擢升至福建都督。如此，郑芝龙几乎垄断了中国与海外诸国的交易，海舶不得郑氏令旗，不能往来。明崇祯末年至清顺治初年，郑芝龙集团的商船络绎不绝地航行于中国东南沿海、日本和南洋各地，并同西方殖民势力竞逐台湾。郑芝龙家乡在南安石井镇，离安海不远，安海港是他海外贸易的基地。郑芝龙在安海大兴土木，建有大型府第，亭榭楼台，雕梁画栋，极尽奢华。

渡海迁台渐高潮

明代，泉州百姓违禁出海，除了与海外贸易外，向外迁徙，亦是突出的行为，大量的向外迁徙，主要指向两个地方：台湾和南洋群岛。

宋元时期，泉州百姓已有移居台湾，尤其是澎湖，不过，总体数量还不是很多，特别是台湾，更没有形成规模。因此，直至明代初期，台湾人口仍然不多。进入明代以后，泉州人多地少的尖锐矛盾没有得到缓解，土地兼并又非常厉害，加上社会动荡，天灾频仍，许多百姓为寻求生存之路，不得不背井离乡，向外迁移。因此，迁移澎湖尤其是台湾者更多，并在明代后期形成高潮，揭开了澎湖和台湾开发历史的新篇章。

明代的澎湖，大量的泉州百姓继续迁入。明王朝建立后，尽管施行海禁，撤掉澎湖巡检司，并实行移民，然而，泉州沿海百姓仍有不少人继续迁入。因此，作为台湾外岛的澎湖，明代已有相当数量的居民。由于澎湖隶属泉州管辖，故乾隆《泉州府志》

亦称：泉州东出海门，船行两日，即是澎湖群岛，在大海包围之中，共有 36 个岛屿。昔日许多泉州人寓居岛上，建造茅屋为居室，推举年龄大者为尊长，没有妻儿。农耕和捕鱼为业，放牧的牛羊散布于山谷之间觅食。这段记载表明，明代的澎湖岛，主要仍由泉州人开发、定居，作为农业、畜牧与渔捞的生产基地，且为家庭聚居、族长管理，大部分属侨居性质，故不带妻女眷属。

至于台湾本岛，入明之后，泉州百姓移居者也日渐增多。明代初期的宣德年间，郑和几次下西洋，据称途中曾经到达台湾。郑和手下费信所著《星槎胜览》中，载有台湾的情况：土地肥沃，盛产谷物，气候常年较为炎热，男女穿的是印花布大袖衫连裤。酋长尊重礼法，不向族员科征财物，人们皆效法。用甘蔗酿酒，用海水煮盐。能读中国书，爱好古画、铜器，作诗仿效唐诗体裁。岛上出产沙金、流黄、黄蜡，使用珍珠、玛瑙、瓷器等各种物品。这里所描述的台湾居民的生活习俗与文化意识，说明这些居民应是祖国大陆的移民或其后裔。费信《星槎胜览》中又有诗云：土民崇诗礼，他处若能俦。说明这些土民也崇学诗书、礼仪，教化程度堪与祖国大陆汉民比肩。这更加证明他们的先人来自祖国大陆，否则，作为世居土著，短期教化是难以达到这种文化水平的。这些来自祖国大陆的移民，大多乃是福建沿海的居民，泉州人则占多数。

明代初期至中期，泉州沿海百姓移居台湾的人数明显增多，这从泉州家族族谱记载可以得到反映。诸如，成化至弘治年间（1465—1505 年），晋江安海灵水吴氏家族的吴鉴、吴镒兄弟，渡海赴台，子孙繁衍，开发嘉义县刘厝村和草湖庄。按安海《吴氏灵水谱》载：鉴公字文炳，传台湾嘉义县刘厝村，镒公字稼轩，传台湾嘉义县草湖庄。虽然，谱中没有标明两人的生卒年月及渡台的具体时间，但从年谱推算，大约当在成化至弘治年间。

明代中后期，嘉靖至万历年间，泉州百姓移居台湾者大量增多，既有沿海各县的百姓，亦有内地山区的百姓。诸如，晋江东石西霞蔡氏家族的蔡显聚、蔡显宾、蔡显仁等，据《西霞蔡氏族谱》载，嘉靖初年往台湾嘉义县布袋嘴居住，成为西霞蔡氏在布袋嘴的开基祖。晋江安海颜氏家族的颜龙源，据《安平颜氏族谱》载，生于嘉靖十三年（1534 年），葬台湾。惠安东园庄氏家族的庄诗兄弟，据惠安《东园庄氏族谱》载，生于嘉靖二十一年（1542 年），年青时遭遇兵祸，与哥哥渡海赴台谋生。泉州南门外甲场头村的王氏家族，也有族人于嘉靖年间移居台东，传衍子孙的聚居地亦称甲场头村。泉州安溪龙门榜头白氏家族，据《榜头白氏族谱》载，族人白圭，万历年间移居台湾高雄市旗后盖寮，以捕鱼为生。因此，万历三十一年（1603 年），当陈第跟随沈有容到达台湾时，看见在这里与高山族经营贸易的泉州移民甚多。陈第《东番记》记载此事。

明末颜思齐及郑芝龙据台时期，泉州百姓向台湾的迁移，出现了第一个高潮。郑芝龙招募数万大陆沿海百姓入台开垦，这是一次经政府批准的移民活动，从而也揭开了明清两朝泉州百姓大规模迁徙台湾的历史序幕。郑芝龙是泉州人，所招募的沿海百姓，泉州人也占有很大比例。大量泉州移民入台后，从事垦荒，聚落成村，发展到近千户人家。所以，颜、郑率众据台，对台湾人口的增加和土地开发起了不小的作用，实是泉州百姓大规模开发台湾的先声。1624 年至 1662 年，台湾为荷兰殖民者窃据了 38 年。这期间，泉州百姓迁台的积极性仍然不减，这股移民的浪潮并未停顿，依然在持续，迁台人数不断增加。

颜、郑据台时期与荷兰殖民者据台时期，泉州百姓移民台湾的增多，从泉州各地族谱的记载同样得到了反映。诸如，石狮宝盖镇龟湖村的铺锦黄氏家族，据《铺锦黄氏族谱》载，族人黄宜三，崇祯年间往北港浮门头，成为铺锦黄氏在台湾的开基祖。石狮钱山郭氏家族，据《钱山三房郭氏家谱》载，族裔郭永，迁往台湾，顺治初年卒于台湾。根据族谱记载，这期间，泉州还有许多家族有族人渡海赴台。

诸如，晋江安海安平黄氏家族、吴氏家族，晋江东石蔡氏家族、郭岑村郭氏家族，晋江金井新市村曾氏家族，晋江青阳庄氏家族，石狮永宁高氏家族，南安石井双溪村李氏家族，安溪东山李氏家族，亦都有族人移居台湾。晋江安海颜氏家族的颜开誉携眷入台，成为台湾安平颜氏的开基祖。安溪龙门镇科榜村的翁尚勃、翁尚进，徙居嘉义义竹乡，成为科榜翁氏在台湾的开基祖。

台南赤嵌楼

漂洋过海下南洋

明代，泉州百姓为了谋生，大量向外迁徙，南洋群岛亦是重要的移居地。泉州百姓移居南洋群岛，历史同样悠久，唐代已经出现，宋元时期继续增加。明代，虽实行严酷的海禁政策，然而，无法阻止泉州人继续前往南洋，移居南洋者数量大增。

明代，移居南洋的泉州人更多，这亦有多种因素作用：人多地少的基本矛盾没有缓解，沿海无地或少地的农民太多；郑和 7 次下西洋，加强了中国与南洋诸国关系，也有力地推动大批泉州农民和小手工业者，沿着这条路线到南洋各地谋生；嘉靖至万历年间，倭寇猖狂肆虐沿海，许多人为逃避倭祸，纷纷渡海前往南洋；明代中后期，各种天灾频繁侵袭，时疫横行，许多人被迫背井离乡，外出谋生。因此，迁移南洋，成了重要选择，并在明代后期形成高潮，揭开了泉州人移居南洋的历史新篇章。

泉州民间族谱有不少记载。石狮永宁岑兜陈氏家族，据《银江陈氏三房家乘》载，明万历年间，族人陈九乐，移居南洋。晋江安海鳌头陈氏家族，据《鳌头陈氏族谱》载，陈朝汉，生于成化年间，嘉靖年间卒葬于真腊。陈永择，生于嘉靖年间，万历年间卒葬于吕宋。晋江安海存耕堂柯氏家族，据安海《存耕堂柯氏族谱》载，明代，有 4 位族裔迁移南洋吕宋、安南。晋江安海飞钱陈氏家族，据《安海飞钱陈氏族谱》载，明代，有 13 位族裔迁移南洋。晋江安海颜氏家族，按《安海霞亭东房颜氏族谱》载，明代，有 35 位族裔前往南洋暹罗、须塔、旧港、占城、吕宋。晋江苏厝苏氏家族，据《朱山考略》称，宋代至明代，往南洋者达 388 人。晋江武城曾氏家族，晋江溜江陈氏家族，晋江塘东蔡氏家族，晋江霄霞肖氏家族，泉州鲤城温陵弼佐刘氏家族，安溪河图郑氏家族，永春鹏翔郑氏家族，永春桃源康氏家族，族谱均载有族裔明代往南洋谋生。

明代，泉州人移居南洋明显增多，既有沿海各县的百姓，亦有内地山区各县的百姓。而从前往南洋的地点看，主要是菲律宾、印尼、马来亚、暹罗等地。

南洋的菲律宾群岛，因与泉州隔海相望，成为泉州人前往南洋谋生的重要站点。明代成化年间以后，随着郑和所率船队到过吕宋、苏禄等地后，泉州人移居菲律宾群岛的逐渐增多。这从泉州各地族谱的记载中，得到了较为充分的反映。诸如，石狮祥芝厝上村邱氏家族，据《锦尚邱氏族谱》载，族裔邱子辙、邱彦足，皆生于万历年间，往吕宋未回。石狮大仑蔡氏家族，据《晋邑仑山祥凤蔡氏家谱》载，蔡景思、蔡景秩，生于嘉靖年间，往吕宋经商，寓居吕宋。南安蓬华镇华美村洪氏家族，据《霞锦洪氏族谱》载，正德年间，族裔洪凉庆、洪瑶庆兄弟，往吕宋谋生，随后，族中不少宗亲纷纷跟进。晋江安海金墩黄氏家族，据安海《金墩黄氏族谱》载，明代，有14位族裔迁移南洋，主要居吕宋。石狮灵秀容卿蔡氏家族，据《容卿蔡氏族谱》载，嘉靖至崇祯年间，有28位族裔往吕宋谋生。南安梅山竞丰村芙蓉李氏家族，据《芙蓉李氏族谱》载，嘉靖至隆庆年间，有族裔为逃避倭寇祸害和自然灾害，违反朝廷禁令出洋，南渡菲律宾谋生。史志记载也是佐证。按《明史》载：闽人因吕宋地近且饶富，商贩至者数万人，往往久居不返，繁衍子孙。按《明会要》载：至万历年间，泉州人与漳州人往吕宋经商，最终留居，建造房舍居住，成家立业，繁衍子孙者，数以万计。何乔远《闽书》也说：吕宋为西洋诸番之会，很多闽人前往，久而久之，人数达到数万。正由于泉州人前往菲律宾者众多，菲律宾华侨中祖籍泉州的一直占多数。

明代，泉州人移居南洋，印尼、马来亚、暹罗也是重要地点。明代，泉州不少人迁移印尼。郑和的随从马欢所著《瀛涯胜览》云：旧港，即古名三佛齐

马来西亚福建会馆

国，许多广东人及福建漳泉人逃居此地。杜坂，约有千余家，大多是广东及漳泉人。又称：嘉靖年间，许多漳泉人及潮州人至马剌加、渤泥、暹罗。马欢在书中还说：爪哇有三等人，一等唐人，皆是广东及漳泉人留居此地，食物精美。按《明史》载：爪哇顺塔，又名下港，在岛北端海滨，寓居者大多是广东及漳泉人。按《明会要》载：嘉靖年间，张链居三佛齐，开设商铺，成为番国船长，漳州和泉州人纷纷前来依附。英国人凯特所著《中国人在荷属东印度的经济地位》书中记述：明初，在印尼杜坂、锦石、旧港、泗水等地，已有华人居住区，福建闽南人占多数。特别是 1619 年，荷兰殖民者开始兴建巴达维亚城，亦即雅加达，闽南人纷纷进入。据科尔哈斯所编《官方文件》称，天启五年（1625 年），从泉州开往巴达维亚城的商船，带来 360 名小贩，肩挑着中国瓷器到处叫卖。仅 1625—1627 年 3 年间，就有 1280 人到达巴城，回国的不到三分之一。因此，在印尼，泉州人亦占多数。印尼巴城、三宝垄、乌戎卡鲁、望加锡等地，都是泉州人较集中的聚居区。马来亚也是明代泉州人迁移较多的地区。柔佛，是泉州人较集中的聚居区。明代中后期，泉州人到文莱经商贸易和从事种植的亦很多。此外，暹罗佛郚、安南等地，也有相当数量的泉州人。

马来西亚马六甲宝山亭

明末，整个南洋地区华侨总数约有10万人，这当中，闽人约占6万多，而泉州就占近5万。尤其在菲律宾吕宋、印尼雅加达，泉州人更是占有很大比例。这些泉州移民，从职业看，主要是商贩，其次是各类工匠。

祸害沿海的倭寇

大海，给泉州人带来收获的欢乐，可也给泉州人带来灾难的痛苦。对于沿海百姓来说，这种欢乐与痛苦，作用力无疑更为直接，感受也更为深刻。明代倭寇肆虐沿海，正是这种痛苦的一个典型表现。

明朝中后期，嘉靖至万历年间，倭寇猖狂肆虐泉州沿海，前后达几十年，祸害极为惨烈，沿海许多城镇村落化为废墟，许多百姓家破人亡，流离失所，泉州海外贸易与海上交通亦受到严重破坏。

何为倭寇？倭，指倭人，古时称东瀛岛即现今日本的人为倭人。寇，指土匪、盗贼。倭寇，就是倭人充当匪徒的意思。元末到明代，日本海盗屡屡侵扰中国沿海各省，当时国人称之为倭寇。抗日战争期间，中国人民亦用倭寇指称日本侵略者。

元末明初，日本进入南北朝分裂时期，封建诸侯割据，互相攻战，争权夺利。在战争中被打败的南朝某些封建主，就组织武士、商人和浪人，前来中国沿海地区，进行武装走私和烧杀抢劫的海盗活动。

这些海盗商人，骚扰和掳掠中国沿海地区，形成了元末明初的倭患。朱元璋即位后，倭寇侵扰日渐严重，北起山东，南到福建，到处受到劫掠。不过，明初，国力强盛，重视海军和海运建设，倭寇未能酿成大患。正统年间以后，随着明朝政治腐败，海军松弛，倭寇气焰便日益嚣张。至嘉靖时期，随着东南沿海商品经济的发展，私商贸海的活跃，某些海商大贾、大姓为牟取暴利，竟然勾结日本各岛的倭寇，劫掠沿海。这些海盗商人与倭寇勾结，使倭寇气焰更加嚣张，更加猖狂，倭患愈演愈烈。

明代嘉靖到万历年间，倭寇猖狂骚扰东南沿海，侵犯泉州，攻城略地，屡屡得手，淫威肆虐，给泉州百姓带来惨烈祸害。最为严重的是在嘉靖年间，泉州郡城一度岌岌可危，所属的几个县城，亦相继遭到攻击，安溪、永春、南安县城，一度沦陷，甚至连某些知县及军事长官也被抓走，晋江永宁、深沪、围头，惠安崇武、辋川，南安水头、东田等乡镇，更是受到残酷洗劫，无数房屋被焚毁，大量财物被劫走，许多百姓死于非命。泉州有句很流行的俗语，形容非常凶恶的人，叫做“恶到像倭番一样”。可以想见，当年倭番的歹毒。

嘉靖二十九年（1550 年），倭寇从仙游登陆后进犯永春，首次突袭安溪县境。嘉靖三十五年（1556 年），倭寇自福清海口进犯泉州，攻陷崇武，进犯永春、安溪。翌年，倭寇船只在泉州浯屿停泊，倭寇分别劫掠了惠安、南安沿海地区。嘉靖三十七年（1558年），倭寇再犯，安溪县署被毁。倭寇又从晋江龟湖进犯安海，万余名安海乡民，被倭寇追赶，从西桥逃入安海镇城避难。这时的镇城，只有生员黄仰率领的为数不多的乡兵，增援的乡兵尚未到达。情况十分危急，黄仰挺身而出，率领几十名亲随，据守城西桥头，奋力抗击，杀死了10多个倭寇。倭寇无奈，只好暂时退却，难民得以免祸。可是不久，倭寇大队人马相继而至，黄仰以几十乡兵，浴血抗击千余倭寇，寡不敌众，最后与堂弟黄廷英皆为倭寇所杀。

嘉靖三十八年（1559年），倭寇进犯泉州浮桥，焚毁许多民居，又到新桥进行骚扰，造成了乡兵与居民惨死千余人。翌年，倭寇又攻入崇武城，据城40余天，造成了严重后果。同年7月，倭寇数千人，自仙游经永春、南安，突袭安溪，扰害许多乡里，攻陷县城，亦窃据40余天，县里的公署和大量民房，惨遭焚毁。嘉靖四十年（1561年），倭寇三四百人，又从南安偷袭安溪县城，劫俘男女百姓400余人。同年，倭寇攻陷永春县城，抓走知县林万春。分巡佥事万民英派遣千户王道成去招抚，结果王道成反又被抓去。当时，永春有位塾师叫徐行恺，设计将林万春及王道成救了出来。翌年，倭寇两次攻陷晋江永宁卫，大肆烧杀掳掠，卫中军民大多被杀死杀伤，血泊漂尸，死伤积野，连逃入水关内的百姓也未能幸免。永宁卫城，始建于明洪武年间，是东南沿海最古老的一座卫城，也是古泉州重要的海防要塞。可惜，这座雄伟的卫城，竟然亦失守于倭寇，惨遭蹂躏，兵火结，繁华灭。

倭寇不仅杀人放火，还绑架百姓，甚至挖掘百姓祖先坟墓，勒索钱财。倭寇进入泉州，重要目标是劫掠钱财，因此，经常使用两大损招，即要么把活人直接绑了去，作为人质索取赎金，要么发掘乡民祖宗坟墓，掏出尸骨，索要赎金。亲人被绑架去了，不能不救，只好想方设法，竭尽所能，满足倭寇的要求。至于祖宗的尸骸，甚至比自己的身家性命还重要，怎么说也不能丢，所以，一旦被挖走，子孙自然寝食不安，惶惶如丧家犬，亦只好乖乖掏腰包。何况，被掳被掘的人家，往往都有点钱。所以，这两招，都够阴狠毒辣，一时之间，搞得泉州人心惶惶。诸如，嘉靖四十一年（1562 年），晋江士绅庄用宾父亲的坟墓同样被挖。庄用宾与秀才弟弟庄用晦痛心疾首，拿出钱财，招募敢死队员百余人，冲到南安双溪口的倭寇营寨，连破 10 余寨，夺回了尸骸。返回途中，庄用宾背着尸骸走在前面，庄用晦殿后掩护，倭寇追上来，庄用晦与之搏斗，结果被杀死。

这场惨祸，直到嘉靖末年才大体平息。倭寇肆虐，使泉州惨遭蹂躏，百姓生命财产损失难以计数，社会生产力遭到严重破坏，亦严重地影响了泉州海外交通与海外贸易，南洋诸国来泉的商船因受倭寇劫掠而减少，泉州海外交通的范围和规模日渐缩小。

海路吹来西洋风

明代厉行海禁，实行贡舶贸易，泉州虽为琉球贡舶正道，但也仅此而已，且在成化以后亦被取代，因此，外国人来泉州并不多，直到明代后期，终于来了几个欧洲人，算是又吹来点西洋风。

明代中后期，随着新航路的开辟，西方殖民者纷纷东来，葡萄牙、西班牙、荷兰等殖民者，先后有人来到泉州。

首先是葡萄牙人。 最早来到泉州的葡萄牙人是马斯卡伦阿斯。 1517 年，受葡萄牙国王派遣，安特拉德率葡萄牙使团抵达广东屯门岛，发现那里停泊着来自琉球的几艘中国帆船，便与他们交往，从而进入中国东部沿海。 同年，安特拉德派马斯卡伦阿斯为“圣地亚哥”号船长，经泉州往琉球访问。 但马斯卡伦阿斯抵达泉州时，已无法赶上信风往琉球，只得暂留泉州，并与泉州商人贸易，发现在泉州可赚到与广州同样多的钱。 他沿着泉州海岸行驶，看到散布着很多城镇和村落，有许多驶往各地的船只。 他这样描述泉州：在该地感觉到百姓比广州要富有，比广州人更有礼，在那里停留时，受到百姓友好善意的接待。他们是异教徒，白而秀俊，生活不错。随着葡萄牙人不断到来和双方接触日趋频繁，泉州渐为葡萄牙人所熟知。嘉靖三年（1524 年），葡萄牙人瓦斯科·卡尔渥在广州写道：福建有个叫泉州的城，是个漂亮的大城，靠近大海，盛产丝和绸缎，以及樟脑和大量的盐，交通发达，有大量船只，可一年四季来来去去。

葡萄牙人盖略特·伯来拉，1549 年在福建沿海从事贸易被俘，先被押往泉州，后解至福州，再被流放广西。他在《中国报道》中描述泉州说：福建被葡萄牙人看作第一个省，因为他们的麻烦是从那里开始的，由此才有机会认识其余的省。这个省有 8 个城市，最重要和最著名的叫福州，另外 7 个也相当大，当中最为葡萄牙人所知的是泉州，因为它有个港口，他们过去常到那里做生意。泉州的街道，相当平坦，又大又直，使人惊羡。房子用木头构造，屋基例外，那是用大石头作地基，街两边盖有波形瓦，下面是连接不断的廊子，供商贩活动，街道宽到可容 15 人并排骑行而不拥挤。骑马行走时，必须穿过横跨街道的牌楼，牌楼是木结构，雕刻成各种式样，牌楼下布商叫卖小商品，要站在那里抵御日晒雨淋。富绅的家门口也有些牌楼。看来，这位葡萄牙人对泉州颇为钟爱。此外，葡萄牙人阳玛诺，明末来华的传教士，曾经在福建活动，出版的《唐景教碑颂正诠》，记录了3方十字架碑刻，分别在泉州南安西山、泉州仁风门外东湖畔、泉州城内水陆寺出土。这些遗存，可谓明代后期天主教在泉州活动的实物证据。

继葡萄牙人之后，西班牙人亦来到中国沿海。明隆庆五年（1571年），西班牙人以武力降服吕宋岛上各酋长势力，以吕宋为基地与中国交往。万历二年（1574年），中国海盗头目林凤率众南下吕宋，与西班牙人发生武装冲突。福建巡抚刘尧诲为彻底剿灭林凤，派把总王望高率两艘战船往吕宋，约西班牙人出兵夹击林凤。翌年，西班牙人以剿除林凤有功，派修士拉达和马任为使节，由2名军官助手陪同，率15名成员组成使团来福建。拉达，奥斯丁会修士，亦是个科学家，精通数学、地理和天文，被称为西班牙艺术的花朵和凤凰。1564年，拉达参加对菲律宾的远征，随后在当地传教，又学习汉语，并从中国人那里了解到有关中国的情况。1575年7月，拉达来到泉州，泉州官府组织欢迎队伍，鼓乐队前导，400名武装士兵护送进城，按照中国礼仪，跪拜兴泉道官员，呈递证书与礼物，兴泉道官员回赠礼物，举行宴会款待，后又派专人护送赴福州。10月，拉达返回马尼拉。拉达在福建期间，从泉州和福州购买百余种书籍，内容广泛，后写成《出使福建记》和《记大明的中国事情》两篇报告。在《出使福建记》中，亦对泉州有不少介绍。后来，西班牙人门多萨著《中华大帝国史》，引用拉达不少记述。该书 1585 年初版，风靡欧洲。

意大利人也随之而来。艾儒略，耶稣会士，万历年间，受耶稣会派遣至远东传教。天启年间，到福建传教，在福建长达 25 年，足迹遍及八闽，受洗礼者万余人，最终卒于福建。艾儒略学识渊博，对天文和历学很有研究，且通汉学，为中西文化交流作出了贡献。艾儒略交游的福建士大夫，泉州人最多，官位亦最高，他在泉州影响至为深远。艾儒略曾 9 进 9 出泉州，与泉州地方官、士大夫、教徒广泛交游，有名字可考者 65 人，如大学士蒋德璟、黄景昉、曾樱、林欲楫，尚书苏茂相，侍郎何乔远、张维枢等。这些士大夫，有不少人赠诗艾儒略，给予颇高评价。蒋德璟充分肯定了艾儒略等传入的天文历算的先进性。崇祯十年（1637 年），福建爆发反教运动，蒋德璟和兵巡兴泉道曾樱提出人教分开的政策，保护了艾儒略和大批教徒。艾儒略在曾樱和蒋德璟庇护下，躲藏于泉州府和兴化府。艾儒略所著《职方外纪》之书，是继利玛窦《坤舆万国全图》后详细介绍世界地理的中文文献。明末泉州的教堂，都刻有艾儒略著作。此外，崇祯八年（1635 年），意大利天主教教士聂伯多到泉州传教，因以尊重中国文化为前提，得到泉州士大夫和下层群众支持，教会发展很快，至崇祯末年，泉州已有13座天主教堂。

上述这些身份不同的欧洲人，相继来到泉州，既传播欧洲文化，亦以自己的视角，从不同角度介绍泉州，这亦是明代泉州与海外交通往来及文化交流的重要组成部分。

泉州基督教堂

清初禁海与迁界

清朝取代明朝后，继续实行禁海政策，随后，又在沿海实施惨烈的迁界，使泉州沿海百姓遭到巨大祸害，亦使泉州海外贸易与海外交通继续受到很大的危害。

明末清初，两个王朝更替之际，泉州大地烽火连绵，社会动荡不安。1644 年，清兵入关，清王朝取代了明王朝。郑芝龙等在福建拥立南明政权，泉州成为抗清重要基地。1646 年，清兵进入福建，郑芝龙归顺清廷，儿子郑成功则以金门、厦门为中心，继续扛起抗清大旗。郑成功以闽南为中心与清廷对峙，进行长达 15 年的抗清战争。郑、清军队长期的拉锯战，使泉州沿海许多农民流离失所，社会经济遭到严重破坏。

清朝建立后，基本沿袭明朝的海禁政策，主要原因是郑成功抗清力量不断增长，极大地威胁清朝统治。清廷认为，郑成功很难剿灭，因为有沿海奸民暗通线索，贪图厚利，往来贸易，给以粮物资助。

清顺治十三年（1656年），清廷为禁绝沿海百姓对郑成功的支援，恢复明朝的海禁，全面施行禁海，极为严厉，片帆不许下海，违者重刑伺候。康熙七年（1668年），朝廷重申禁止海外贸易，并严格规定，地方甲长敢于同谋，或者放纵，统统斩首。知情不报，处以绞刑。不知情者，杖一百，流放三千里外。所在州县官员，革职，永不叙用。道府官员降职二级，巡抚降一级。两年后，又规定，凡官兵抓获出海贸易人员，将犯人货物及家产一半，给予奖赏，另一半充入官库。以后，又不断重申这些政策。如此，泉州港只能继续沉沦，复兴的希望在几百年内成为泡影。

但是，严厉的海禁，未能完全切断郑成功同内地的联系。因此，顺治十七年（1660年），清廷为断绝沿海百姓对郑军的粮草支持，开始实施野蛮的迁界，北起江浙，南至广东，所有各省沿海30里百姓一律迁居内地。泉州是迁界重点，晋江、惠安、南安三县沿海百姓，被迫内迁20里到50里，并挖界沟，筑界墙，劫难空前。界外房屋村庄，悉数焚毁，化为废墟。奉命内迁的百姓，官府又不管不顾，得不到妥善安置，死者甚多。按《清史编年》载，康熙二年（1663年），福建巡抚许世昌奏报：沿海迁界百姓，死亡8500余人。可是，按当时礼科给事中胡悉宁的说法，死亡而没有造册上报的还多着呢！迁界使泉州沿海百姓生灵涂炭，惨状在方志和不少族谱中均有记载。晋江《安海志》载，安海除龙山寺外，余尽化为废墟，百姓无屋可居，无田可种，老弱辗转，死于沟壑，壮者散居外乡，泪洒异地，百姓尸骸，暴露于荒野，景象极为凄惨。晋江东石郭岑村郭氏家族，据《东石汾阳郭氏族谱》载：迁界施行，族人所有房屋全被焚毁，村庄化为荒草，父子兄弟流离失所。晋江龙湖衙口施氏家族，据《温陵浔海施氏大宗族谱》载：迁界实施，族人颠沛流离，虽至亲未能相保。石狮蚶江石壁林氏家族，据《玉山林氏宗谱》载：播迁之日，居所拆毁，村荒灶冷，亲而壮者，散于四方，疏而老者，丧于沟壑。族人星散四方，无法互相保护。泉州沿海劫难空前，成千上万百姓流离失所。直到康熙二十二年（1683 年），清朝统一台湾，方下令复界，前后 23 年。然而，社会元气在数十年后仍未完全恢复，亦严重打击了泉州海外贸易与海外交通。

清朝统一台湾后，取消海禁，康熙二十三年（1684 年），分别在广东、福建、浙江、江苏设立海关。福建设立闽海关。是年，泉州亦设立海关，同时创设法石、秀涂、洛阳、陈埭、马头山、安海 6 个分关。海关职能主要是管理船舶、稽查出口商品、征收关税等。清廷宣布开放海外贸易后，仍然对海外贸易船舶与贸易商品等实行种种限制。出海船舶的管理十分严格，海船的规格，出洋的地点，进出口手续办理等，都有规章。出口商品的控制亦颇为严格。许多物资，要么禁止，要么限制出口。米谷粮食作物出口严加控制；铁是制造武器的原料故严禁出口；黄铜既是制造铜钱的原料又可制造兵器故亦禁止贩卖。乾隆时期，生丝被列为禁运之物。嘉庆年间，茶叶也被禁止出洋。此外，禁止百姓搭乘海船私自出国。如此，海外交通活动仍然受到严重抑制。

可是，海毕竟是泉州百姓重要的生计来源，因此，随着沿海复界和海禁放宽，泉州的海上交通活动，尤其是民间海外贸易活动以及向台湾地区和南洋的迁移，又开始活跃起来。就海外贸易而言，尽管清廷作出种种限制，然而，因为限制实在太多，百姓难以容忍，违禁的私商贸海，仍然比比皆是，同样给清朝皇帝们留下了深刻印象。清朝几位皇帝，每每提到闽南沿海，总是摇头叹息。雍正七年（1729年），福建观风整俗使刘师恕发现问题很严重，向雍正皇帝报告：晋江那个地位显赫势力强大的施琅家族，竟然带头走私，还窝藏海盗。皇帝无言以对。乾隆三十九年（1774年），钦差大臣舒赫德，向乾隆皇帝奏报：闽南相沿成俗的不良民风，依然甚为严重。乾隆皇帝联想到走私及海盗问题，大为感慨地说：闽省海滨地方，风俗向来刁健。嘉庆元年（1796年），闽浙总督魁伦，向刚刚上任的嘉庆皇帝报告：福建近来海盗充斥，加上漳泉发大水淹了很多地方，生计无着的贫民大多出洋为匪。还好，这些匪徒随聚随散，没有结成集团。按《清史编年》载，1803年，嘉庆皇帝密谕闽浙总督玉德和福建巡抚李殿图：福建漳泉两府，最难管治，总须培养出几个优秀的府州县官来，才有指望改变民风。嘉庆皇帝这番话，自然有些道理，不过，培养出几个好的府州县官，就能改变闽南沿海民风，这皇帝也太天真一点了。所以，清代泉州的私商贸海，规模虽不如明代，可是，并没有偃旗息鼓，仍然颇为热闹。

永宁古卫城遗址

郑成功抗清复台

清初，泉州南安人郑成功，海上抗清，并东征台湾，收复被荷兰殖民者窃据38年的宝岛台湾，这既是清初的重大事件，亦对泉州社会产生了很大影响。

郑成功，原名森，南安石井人，1624年生于日本长崎平户市。父亲郑芝龙，母亲是平户市田川氏女。明崇祯三年（1630年），郑成功7岁，自日本回国，在晋江安平求学。此后，他苦读经史兵法，习练剑术骑射，15岁入南安县学，为廪生，21岁入南京国子监，拜名儒钱谦益为师。

南明弘光元年（1645年）五月，弘光政权夭折。闰六月，郑芝龙、黄道周等在福州拥唐王朱聿键为帝，改元隆武。八月，郑成功随父朝见，深得隆武帝器重，赐姓朱，名成功，自此被称为国姓爷。隆武二年（即清顺治三年，1646年）六月，清军进逼福建，郑成功对隆武帝表忠说：臣受国恩，义无反顾，定以死报效陛下。郑成功还献上抗清建议。隆武帝深为赏识，封郑成功为忠孝伯，拜御营中军都督，挂招讨大将军印，令率军镇守军事要冲仙霞关。郑芝龙让郑成功撤兵，继以断粮饷，致使仙霞关失守，郑成功被迫引军而还。九月，清军陷福州，旋进军泉州，郑芝龙聚将议降，郑成功苦劝无效，走避金门。郑芝龙降清，清军洗劫安平，郑成功母亲田川氏蒙难。郑成功闻讯赶往安平，收葬母亲尸骸后，到南安孔庙，焚青衣，发誓抗清复明，带着部下 90 余人入海，于烈屿誓师，自称招讨大将军，随即往南澳招兵，在厦门、金门建立抗清基地。

南明永历元年（即清顺治四年，1647 年），郑成功与叔父郑鸿逵合兵攻泉州，屯兵桃花山，屡次重创清军，声威大振。翌年，攻克同安。是时，明桂王朱由榔即位于肇庆，是为永历帝。郑成功派人上表称贺，并建议水陆并进，恢复明朝。随后，挥师南下，驻扎于铜山，派兵攻克诏安、漳浦等地，控制漳泉至粤东沿海，兵力发展到 4 万。年底，永历帝派钦差到厦门，封郑成功为延平公，郑成功自是奉永历年号。

南明永历四年（1650 年），清军大举南进，永历帝诏令郑成功勤王，郑成功兵至南澳，亲率大军，水陆夹击，大败清军于揭阳、澄海。翌年初，清军乘虚攻厦门，郑成功回师厦门。随后，从永历七年（1653 年）开始，清廷多次以官爵引诱郑成功投降，并许以漳、泉、潮、惠 4 府安置所部。郑成功拒不接受，秣马厉兵，加强厦门后方建设，改厦门为思明州，又攻下漳州。永历九年（1655 年），郑军攻舟山，克温州、台州，清廷以郑成功拒降，把郑芝龙收捕入狱，并派亲王世子济度率大军入闽。郑成功收兵回厦，加强海陆防御。永历十年（1656 年），清军济度水师出泉州遇风暴，郑成功乘势进击，大败清军于海上。可是，海澄郑军守将黄梧投清，郑军在海澄的军需损失殆尽。郑成功攻泉州不下，命甘辉统领水师北上，相继攻下闽安镇、罗源、宁德、台州。

南明永历十二年（1658 年）正月，永历帝册封郑成功为延平郡王。郑成功决计北伐，五月，颁布北伐令，亲率甲士 17 万，水师 8000，战舰数千艘，号称 80 万大军，在厦、金誓师北伐，直指金陵。郑军很快攻占平阳，抵达舟山。八月入长江，攻羊山，遇飓风，舰队被冲散，损失兵将数千员，折回舟山休整。翌年五月，郑成功再次率师北上，攻崇明，取瓜洲，陷镇江，随后直捣南京，沿江太平、宁国、池州、徽州诸府县，闻风归附，郑军包围江宁。七月，郑军自凤仪门登岸，郑成功遥祭明太祖孝陵。南京城清军守将梁化凤，诈称献城纳款，施缓兵之计。郑成功陈兵城下，坐待梁凤仪出城投降。清军乘郑军放松戒备，出城反攻，郑军措手不及，迎战失利，多员将领阵亡，被迫退回厦门。

南明永历十五年（1661 年），郑成功因出师江南，损兵折将，抗清活动遭遇严重挫折，只好退守金、厦，势孤力微，陷入颇为艰难境地，又见金、厦弹丸之地，终难持久，决计东征台湾，驱逐荷兰殖民者。恰好有台湾通事何斌，前来厦门献取台湾之策。郑成功采纳何斌建议。他留郑经守厦门，郑泰守金门，自己统率大军 25000 人，战舰 300 余艘，于 1661 年 4 月从金门料罗湾出发，经澎湖直抵鹿耳门外，并由何斌导航登陆。荷军全力反扑，郑成功将其击败，乘胜包围赤嵌城。荷军总督揆一见赤嵌难以困守，提出以十万两白银犒师，并年年照例纳贡，换取郑成功撤兵。郑成功严正声明：台湾一向属于中国，自应归还原主。郑成功还通牒赤嵌荷军立即投降，否则即发起总攻。赤嵌荷军守将见大势已去，宣布投降。随后，郑成功挥师进攻台湾城。揆一凭恃炮坚城险，负隅顽抗，等待援兵。郑成功采取长期围困、俟敌自溃的战略，留下部分兵力围城，其余部队在台湾城周围屯垦。同年 8 月，荷兰殖民者从巴达维亚派兵 700 人，战舰 10 艘，驶近台湾，企图救援驻台荷军，遭到郑军水师迎击，舰队溃不成军。台湾城荷军军心动摇。揆一势穷力竭，1662 年 1 月，献城投降。

郑成功收复台湾后，改台湾城为安平镇，并以此为政治、经济、军事中心，开始整肃吏治，发展经济，台湾呈现出欣欣向荣的景象。然而，因台湾初辟，百废待兴，郑成功焦心积虑，加之多年戎马倥偬，积劳成疾，收复台湾半年后即病逝。

郑成功收复了宝岛台湾，成为民族英雄。郑成功虽坚决抗清，可清廷后来亦对他礼遇有加。郑成功逝世后，葬于台南州仔尾。1683年，郑克塽归清后，上疏奏请迁骸故土，获准。1699年，康熙帝赐迁葬于石井附近康店村覆船山郑氏祖墓，下敕官兵护柩，还赐挽联：四镇多二心两岛屯师敢向东南争半壁；诸王无寸土一隅抗志方知海外有孤忠。

台南郑成功塑像

郑成功驱逐荷兰殖民者，使台湾回到祖国的怀抱，捍卫了中国的主权和领土完整，是中华民族反抗外来侵略的成功尝试，亦为台湾是中国一部分的历史事实和法理依据提供了论证。郑成功收复台湾之后，建立了台湾第一个汉人政权，也带来一波汉人移民潮，奠定了台湾在日后成为一个以汉民族文化为主的社会。因此，郑成功收复台湾，具有极其重大的历史意义。

施琅水师平台岛

清初台海风云变幻的政治军事舞台上，涌现出一位对祖国统一大业有着特殊贡献的历史名人，这就是泉州人施琅将军，率领清军水师东渡，统一台湾。

施琅，晋江人，1621 年生于滨海衙口乡普通农家，幼年读经习举子业，年未及冠，弃文习武，学习战阵与击剑之技，兵法也颇精通。明末施琅投军从戎，先是追随明总兵郑芝龙，随郑芝龙降清，郑成功起兵抗清，转而追随郑成功，成为郑成功手下一员大将。后来，因与郑成功意见不合，施琅再度投降清廷，成为清廷一员战将。康熙元年（1662 年），施琅被提升为福建水师提督。

施琅降清后，竭力主张平定台湾。台湾自古以来就是中国神圣领土，1624 年被荷兰殖民者所占据。1661 年，被南明永历皇帝封为延平王的郑成功挥师东渡，1662 年收复台湾，结束了荷兰殖民者在台湾 38 年的统治，并将台湾作为抗清复明的根据地。

康熙元年（1662 年），郑成功在台湾病逝后，弟弟郑袭与儿子郑经为争夺延平王位发生内讧，郑经虽得到了王位，可也导致内部离心倾向急剧增长。于是，郑经把主要力量用于巩固对台湾的统治，逐渐丧失反清复明的信心，可又不愿接受清廷招抚。从康熙六年（1667 年）起，清廷就与台湾郑氏谈判，同意封郑氏为藩王，世守台湾，郑氏亦表示愿撤出闽南，向清廷称臣纳贡，可又坚持照朝鲜事例，不削发，不献出版图。而按照清廷大一统观念，台湾既然属于中国领土，男子就应剃掉前面半个脑袋头发，后面梳条辫子，官员也要穿清廷官服，如果按朝鲜那样，不剃头发不留辫子，就意味着只是中国藩属。郑氏援引朝鲜之例，实际上是要求台湾独立，这是清廷无法答应的。康熙三年和四年（1664 年、1665 年），福建水师提督施琅受命，连续两次率福建水师攻打台湾，遇飓风，不克而归。两年后，施琅又上疏力陈台湾可破，提出先取澎湖后图台湾的战略，被康熙帝否决。随后，清廷干脆裁撤了福建水师提督，并将施琅调入北京，授为内大臣，长达 13 年之久，实际上是放弃了武力征台计划。但在这期间，施琅仍矢志征台，并潜心研究攻取台湾的有关问题。

三藩之乱爆发后，郑经乘机在闽粤沿海大抢地盘，清廷为集中兵力扫荡三藩，仍对郑经采取以抚为主的政策。可是，郑经仍顽固坚持照琉球和朝鲜等外国例，只称臣纳贡，不剃发登岸。显然，郑氏政权是将台湾等同于外国。郑氏政权既违背了郑成功遗愿，亦严重地破坏祖国统一。三藩之乱平息后，扫除郑氏割据势力，结束分裂局面，重新统一国家，被提上议事日程。康熙帝亦愈来愈感到，郑氏集团割据台湾，问题一日不解决，民生一日不安宁。

康熙二十年（1681 年），台湾政局又发生重大变化。先是郑经所信赖的重臣陈永华病逝，接着，39 岁的郑经病逝，年仅 12 岁的次子郑克塽袭延平王位，年幼不能理事，诸事务皆决策于冯锡范、刘国轩两人。郑氏政权内部动荡，文武官员互相猜疑，这为清廷实现平定台湾创造了一个良好机会。台湾政局混乱动荡，消息传到京城，更坚定了康熙帝攻取台湾的决心。

台湾政局发生重大变化，清廷围绕是否攻打台湾问题，展开了激烈的争论。多数朝臣认为，征剿远在台湾的郑氏政权，困难很多，海洋险阻，风涛莫测，贸然进攻，胜算难保。所以，提出各种各样的招抚主张。在这场争论中，身为大学士的泉州人李光地，审时度势，极力向康熙帝建言，依靠福建水师力量，趁台湾内乱之际发兵攻打，定能取胜，并荐举泉州老乡施琅为主帅。

李光地举荐施琅征台，绝非因为是同乡有所偏爱，完全是从国家和民族利益出发，是经过慎重考虑后作出的选择。康熙皇帝决定进征台湾，全得依靠水师，李光地认为：平定台湾的领军人物，必须使用福建人当中既熟悉海上事务，熟悉台湾海峡情形，且熟悉海上战守事宜，又有智谋有威望的人。目前看来，只有现任内大臣施琅可担当这个重任，因为，他基本符合这些条件。康熙帝采纳李光地建议，康熙二十年（1681 年）七月，任命施琅为福建水师提督总兵官，前往福建，统领舟师准备攻取台湾。

康熙二十二年（1683 年）六月，施琅率水师从福建铜山出发，两日后抵达澎湖，经过 7 天激烈战斗，彻底打败了郑军主力刘国轩部，攻克了澎湖。澎湖是台湾的门户，只要攻克澎湖，台湾可不战而下。郑克塽上表请降。八月，施琅率水陆官兵到达台湾，在鹿耳门附近受到郑克塽、刘国轩等人的迎接。清军进驻台湾。翌年，清政府在台湾设一府三县，改承天府为台湾府，以府治附郭为台湾县；北路天兴州改为诸罗县；南路万年州改为凤山县。合厦门置分巡台厦道，隶福建，调水陆兵，以总兵镇之。从此，台湾在政治、经济和文化上又与祖国大陆连为一体，清政府实现了国家统一大业，东南海疆亦因此得以安宁。

施琅成为大名人，名垂青史，正在于率领清军挥师台湾，荡除了郑氏政权，将台湾纳入清帝国版图，避免了国家的分裂，这也是施琅最大的历史功绩。

施琅功勋卓著，清廷对他亦褒奖有加。施琅复台捷报抵京时，正值中秋佳节。康熙帝见玉宇银盘圆洁，华夏金瓯无缺，喜不自胜，当即解下所御龙袍驰赐，亲制褒章嘉奖，封施琅为靖海侯，世袭罔替，令其永镇福建水师，锁钥天南。康熙三十六年（1697年），施琅卒于寓所，康熙帝加赠太子少傅，谥襄壮，并于泉州府学前建祠奉祀。其时，两岛八闽皆颂德，纷纷为之树碑扬誉，使之声名显赫一时。康熙帝还有御制诗云：“上将能宣力，奇功本伐谋。伏波名共美，南纪尽安流。”

晋江衙口施琅故居

东渡台湾新浪潮

郑成功收复台湾，施琅平定台湾，正如明末郑芝龙据台时期那样，对泉州百姓迁移台湾同样起了极大推动作用。因此，清初顺治年间郑成功复台后的郑氏政权时期，清廷统一台湾后的康熙、雍正、乾隆、嘉庆年间，泉州人移居台湾又相继出现了两次高潮。

清顺治十八年（1661 年），郑成功率师东征台湾，赶走了荷兰侵略者，收复了台湾。按施琅《尽陈所见疏》所称，郑成功收复台湾时，带去水陆官兵及家眷共 3 万多人。进入台湾后，郑成功立即颁布屯垦令，成千上万将士放下干戈，扶起犁锄，由原来作战的官兵，变成开发台湾荒野的集体移民。郑成功去世后，郑经入台时，继续执行官兵带眷属的政策，又带去官兵及家眷约 7000 人。

郑氏移民以军队为主体，军队成员以泉州人居多。郑成功继续抗清，根据地以金、厦为中心，部队成员泉州人居多，收复台湾，重要依靠正是这些泉州乡亲，部属带家眷东渡台湾，自然也以泉州人为主。这批泉州沿海人民参加郑军后，携带家眷随郑成功和郑经渡台，成为郑氏政权时期移民台湾的主体，是这个时期泉州人民移居台湾的一大特色。晋江范氏家族，按《鳌江范氏家谱》载，渡台始祖范博梦，为郑氏部队督舟运饷；又有族人范魁文，体貌壮伟，膂力过人，时有妻子家人为郑氏从事，挟公与偕。

郑氏政权据台与清廷对峙之时，泉州沿海百姓因不堪忍受清政府迁界折腾，亦纷纷渡台投靠郑氏政权。据统计，郑氏父子治理台湾期间，先后移入台湾的官兵、眷属和东南沿海各省居民至少净增 6 万人。又据沈云《台湾郑氏始末》载，当时进入台湾的大陆移民，前后竟有几十万之众。大批投靠郑氏的泉州乡亲与郑氏带到台湾的官兵一道，共同构成了泉州人移居台湾的新一轮高潮。按连横《台湾通史》载，郑成功收复台湾后，面对清政府的迁界政策，采取了“收拾残民，移我东土，以相助耕种，养精蓄锐”的对策，招徕了大量无家可归的沿海难民东渡台湾，加入郑氏政权，开发台湾。这些无家可归的沿海百姓，很多就是泉州沿海百姓，从而形成了泉州百姓迁移台湾的第二次高潮。

康熙二十二年（1683 年），施琅平定台湾郑氏政权，统一台湾。施琅本身是泉州晋江人，所率领的平台部众，很多也是泉州乡亲，因而，随之移居台湾的，泉州乡亲自然占有先机。以施琅故里晋江衙口浔海施氏家族为例，亲属和族亲在这期间大举迁台。按《温陵浔海施氏大宗族谱》载，追随施琅的亲属以军功授爵的有：施琅的儿子施世骥、施世骠、施世骅，侄子施世骧、施世禄，族亲施玮、施瑶、施璇、施肇勋等人。他们的后裔有的就此定居台湾。分派安海的十六世施启秉，以军功授左都督，后任提督军门，驻凤山。他的长子施世榜，凤山学拔贡生，袭职兵司马副指挥，康熙五十五年（1716 年），招集流民，开辟半线的东螺荒野，开凿施厝圳，又名八堡圳，引浊水浇灌彰化 13 堡的田园，每年征收数万石的水租。次子施世魁，为凤山武生，四子施世黻，为诸罗武生。如此，施氏家族后裔，成为台湾的望族。

施琅平定台湾后，因郑氏宗室官员、兵卒迁回大陆内地安插，加之难民相继返回原籍，台湾的汉人居民比郑氏时期少了一半多，康熙二十四年（1685 年），仅有 3 万多人，台湾人稀地荒。面对这种情况，许多台湾地方官员都以招徕大陆移民到台开垦为己任。但是，施琅统一台湾后，负责闽台海防政务要职，他又在《论开海禁疏》中，向清廷提出，对台湾移民要严加控制，同时，建议严厉禁止粤籍人民渡台。清政府采纳他的建议，颁发的渡台禁令明确规定："粤地屡为海盗渊薮，以积习未脱，禁其民渡台。"施琅的排粤思想及其得到贯彻，一定程度上抑制了广东人迁移台湾，有利于更为靠近台湾的福建人尤其闽南人渡台。这正是为什么同在沿海，甚至同在福建沿海，闽南泉州和漳州比起广东，甚至比起闽东宁德地区、闽中福州与莆田，渡台的人要多得多的重要原因。因为，诸如人多地少，土地兼并，豪强横行霸道，官吏贪婪残暴，甚至社会动荡这些问题，在闽东与闽中的沿海地区同样存在。

正因如此，清政府统一台湾后的康熙、雍正、乾隆、嘉庆时期，泉州人渡台活动出现新一轮高潮。而且，这一浪潮一直持续到嘉庆年间才逐渐退潮，持续时间之长，渡台人数之多，皆是此前两次大规模迁移所无法比拟的，从而构成了泉州人移居台湾的一个空前的最为高潮的时期。这个时期泉州人移居台湾的情况，各个家族的族谱中，记载比比皆是。

正因为这期间泉州有数量庞大的百姓移居台湾，使这期间台湾的汉族人口迅速增加。郑成功复台时，台湾人口不过 20 万人。而据《台湾通史》统计，到了嘉庆十六年（1811 年），全台湾汉族人口已超过 200 万人。也就是说，从 1662 年到 1811 年，150 年间，台湾汉族人口增加了 10 倍，增长速度之迅猛，人口数量之直线上升，在台湾历史上，可谓绝无仅有，令人惊叹。然而，很显然，这不是自然的繁殖，而是人为地增加。这种增加，毫无疑问，首先得归功于泉州人民前后接踵的徙居。因为，同样据嘉庆十六年（1811 年）编查户口统计，全台湾汉族人口 24 万余户，200 万余人，来自泉州漳州的占十分之六七。学者吴壮达《台湾的开发》一书，亦证实了这一点。据 1929 年调查，台湾 375 万余人中，祖籍福建者达到 310 万人，占 83%，其中泉州府各县约占 44.8%，漳州府各县约占 35.1%。

台湾泉籍移民宗祠

蚶江与鹿港对渡

清朝统一台湾后，开放海禁。乾隆年间，泉州石狮蚶江与台湾彰化鹿港实行对渡贸易，这既是清代泉台经济交流的一个重要窗口，亦是泉台关系史上的一件大事。

蚶江位于泉州湾南岸，属于石狮市，因沿江产蚶得名。晋江下游自溜江而下，经法石、圣姑、陈埭、岱屿这段称为蚶江，是晋江出海口，古时沿江滩涂产蚶。蚶江上接惠安崇武、濑窟，下连石狮祥芝、永宁，拥有国家一类口岸石湖港，是泉州港的重要支港。这种地理位置与优越的港口条件，使蚶江很早就成为泉州海上交通的重要港口，并带动了蚶江市镇的形成与繁荣，使蚶江亦成为泉州著名古镇。

早在唐代，蚶江就是海船重要的停靠站，并在这里建了著名的林銮渡码头。林銮渡，位于蚶江石湖村，是唐代航海家林銮为通渤泥而建的码头。林銮，泉州晋江东石人，先辈世代以航海为业。祖父熟悉海道，是隋朝开发台湾航线的主要成员，并曾首航渤泥而成为开拓泉州与南洋群岛航线的开山祖。林銮继承祖业，大造海船，航行于渤泥、琉球、三佛齐、占城等地，运去陶瓷、丝绸、铁器、茶叶及手工艺品，换回象牙、犀角、明珠、乳香、玳瑁及樟脑等，获利甚多，拥有大船数十艘。林銮为使海船更容易且更安全停靠，就在石湖港建了个大渡头，人们称之为林銮渡。该码头建于两座天然岩石之间，全长 113 米，现保存完好，是泉州海外交通史及海上丝绸之路的重要物证。

宋代，蚶江和石湖都建有码头。蚶江已是民居稠密、番船过往频繁的港口。北宋熙宁初年，因石湖为晋江、南安、同安、惠安四县要冲，故建水寨，驻扎军队，筑有寨兵营房，配置战船。蚶江成为福建沿海及泉州湾的海防要地，与崇武并重。富商巨贾，官宦望族，陆续迁居此地，逐渐兴盛。元代，蚶江更加繁荣，商贸发达，帆樯林立。蚶江和石湖仍然为海防要冲，有军队驻守。明代万历年间，石湖置巡检司。

清初顺治年间迁界，蚶江成为废墟，康熙年间复界后，令百姓回归故土，逐渐恢复旧观。复界以后，蚶江的海上交通贸易迅速恢复。当时，泉州设海关，下设税口 7 所，蚶江是其中 1 所。清政府批准蚶江与鹿港对渡前，蚶江与台湾的贸易往来已非常频繁。因此，乾隆四十九年（1784 年），清政府开放鹿港与蚶江对渡，以蚶江为泉州总口，与台湾鹿港对渡，成为祖国大陆对台通商的中心码头。乾隆五十七年（1792 年），清政府又开放淡水河口的八里岔与蚶江对口通商，蚶江又开辟航线至台湾淡水八里坌；道光四年（1824 年），再辟航线到台湾海丰。至此，两岸对渡的 5 条航线中，蚶江就占了 3 条。这期间，嘉庆十年（1805 年），蚶江设海防官署，下设海关、税务、营盘等口，统辖泉州府属下的晋江、南安、惠安、同安、安溪 5 县的对台贸易。

石狮蚶江与彰化鹿港相隔仅 130 多海里。蚶江与鹿港的对渡航线，在传统社会里靠天气和经验航海的时代里，具有相当明显的优势。该航线开通后，闽台两岸航行时间仅需一昼夜，泉州属下各县的对台贸易，都经由蚶江出入。当年，蚶江的行郊，即今天商会组织，就有 100 多个，运输船有 300 多艘，可见规模庞大。从蚶江运往鹿港的货物，以陶瓷、家具、药材、茶叶、布匹、烟叶为主，返程的货物主要是大米和木材，有时也运回水果、鲍鱼、江贝、白糖等。

清政府开放鹿港与蚶江对渡后，蚶江与台湾的商贸往来更为频繁。1978 年，蚶江清代海防官厅遗址发现《新建蚶江海防官署碑记》，简称《对渡碑》残碑，碑上就记载：蚶江为泉州总口，与台湾鹿仔港对渡，大小商船渔船，来来往往，追逐利润，人们视鹿港为自家门前庭院，利益所在，群趋若鹜。蚶江与鹿港对渡，大陆大量土特产从蚶江运到鹿港，促进了鹿港乃至整个台湾商业的繁荣。鹿港载运到蚶江的主要是大米、蔗糖和各种海产品，这亦大大刺激了台湾农副业生产的发展，鹿港也成为台米集散地。因此，鹿港迅速繁荣，万商云集，车船往来络绎不绝，各种商品琳琅满目，成为台湾第二大市镇。许多石狮人亦以从事对台贸易为致富捷径，在台湾和蚶江分别设立商行，经营各种货物贸易，并因此发家致富。诸如，晓江林氏家族的林式霁，按《玉山林氏宗谱》载，弱冠之年，航海淡水，只身空泛，善于经营，十数年间，终成富商。

蚶江港开放后，成为对台交通中心。泉州前往台湾更加便利，出现了群趋若鹜的局面。蚶江附近一带的锦江、莲埭、石壁、金井、东石、永宁各村百姓，移民成群结队而去，成为泉州人迁台第三次高潮的重要组成部分。大量移民涌入台湾，带去大陆先进的生产工具和生产技术，参加台湾的开发，为台湾经济发展作出了突出贡献。

道光二十二年（1842 年），鸦片战争失败，清政府开辟五口通商，开放厦门为通商口岸，蚶江的地位逐渐被厦门所取代，蚶江与鹿港对渡逐渐衰落。光绪二十一年（1895 年），甲午战争失败，台湾被日本侵占，蚶江与鹿港对渡通商基本停止，海防官署关闭。尽管如此，毕竟谱写了清代泉台关系一段不平凡的历史。

值得一提的是，蚶江与鹿港对渡，亦对蚶江民俗产生了不小影响，形成了某些对渡习俗，诸如泼水、庙会、祭江、护航仪式等。2011年，“石狮端午闽台对渡习俗”入选中国国家级非物质文化遗产名录。

石狮蚶江海口

涌向南洋的商民

清初海禁，泉州海外交通仍受到严重压制。随着沿海复界和海禁放宽，海外交通亦开始活跃起来，尤其是大批商民涌向南洋，或经商，或从事种植业，或从事手工业，许多人最终定居南洋，成为这期间海外交通活动突出的景象。

清代，泉州人涌向南洋进入高潮时期。入清以后，泉州社会各种固有矛盾依旧非常尖锐，尤其清初施行海禁和迁界，造成无数百姓流离失所。因此，清廷虽重新实行海禁，却无法控制泉州人出海，许多人仍冒险出海，或随郑成功东渡台湾，或偷渡到南洋谋生，辗转流寓于南洋各地，出现了禁者自禁，渡者自渡的现象。海禁撤销后，泉州人前往南洋更为方便，与此同时，南洋社会环境也发生较大变化，西方殖民者大量招募劳工，为泉州人出洋提供了更多机会。如此，泉州人涌入南洋者日多，并在乾隆年间形成了高潮，群趋若鹜，成群结队奔赴南洋。这波下南洋浪潮，持续时间甚长，直到清朝灭亡，民国建立，依然没有退潮。

新加坡安溪会馆百年历史回顾展海报

清代的泉州，官方海外贸易基本停止，民间海外贸易仍然甚为活跃，参与人数同样众多，私贸范围同样广阔，尤其是南洋各国，最为突出。诸如，惠安崇武文献黄氏家族，按《崇武文献黄氏家谱》载，明代就有族人往海外经商，足迹遍及日本、琉球、越南、暹罗。清代，仍有不少族人到这些国家经商。清代，崇武的五峰村，享有石匠之村盛名，许多人既是石雕的能工巧匠，亦是经商好手。按江峰《崇武镇的石雕工艺》载，五峰村的蒋金辉，少年随父亲在厦门和南洋开石店，后到台湾经营石雕工艺。蒋双家也在厦门开设蒋泉记石店，长子蒋添泉到缅甸仰光开设分店，内外配合，盛极一时。石狮鳌江余氏家族，据《鳌江余氏二房家谱》载，族裔余世唏，生于乾隆年间，颇有抱负，前往台湾和南洋经商，善于经营，发家致富，荣宗孝友，深受族人称赞。晋江安海灵水吴氏家族，据《灵水吴氏长房懿甫公派家谱》载，族裔吴垂烧，生于咸丰年间，往南洋经商，诚信为本，经营多年，获利不菲。晋江梅林蔡氏家族，据《梅林蔡氏族谱》载，族裔蔡江公，生于同治年间，往南洋经商。族裔蔡江春，既是位能工巧匠，又善于经商，远赴南洋，经商多年，获利甚多。南洋的新加坡、印尼、吕宋，皆是清代泉州人前往经商的重要地方。按李天锡《华侨华人民间信仰研究》载，道光初年，泉州石狮祥芝的帆船直航新加坡后，每艘南来的帆船都附载石柱栋梁、砖瓦、琉璃，经过20多年时间，建成天福宫，供奉妈祖、关圣帝君、保生大帝。德化浔中人陈洪照，生于康熙末年，勤奋好学，考中秀才，精通汉唐古文，后随商船赴印尼，寄居本县华侨黄甲家，广交华侨各界人士，往咬留吧、万丹、三宝垄，考察当地气候、土地、人物、风俗习惯、历史掌故，详细记录，归国后著《吧游纪略》。

清代，大批泉州人涌向南洋，许多人最终定居南洋，成为华侨，这是清代泉州海外交通活动的重要内容，亦是泉州海外交通活动的新特点。诸如，据南安石井洪氏家族《洪氏族谱》载，清代不少族裔迁居暹罗，且有两位在暹罗国任官员，即洪应科和洪传友，康熙四十九年（1710 年），两人还受暹罗国王之命来中国向清廷进贡，两位族裔坟茔至今仍在泰国内皆地区。清初，南安东田镇埔边村范鸿埴，前往吕宋谋生，并娶当地番妇为妻，生儿育女，历经拼搏，成为当地富豪，晚年归乡时，行李有 13 担。据说，范鸿埴与大学士李光地私交甚笃，曾托李光地带 3 件宝贝进贡康熙帝，这 3 件宝物是金酒瓶、金酒杯、玉柿，康熙帝甚是喜欢，特赐爵位，还让祖厝竖起贡旗，御笔题匾：望重外国。施琅攻占台湾后，大批随郑成功东渡台湾的泉州人，转赴南洋诸国谋生，当中有数百人逃到菲律宾。同时，郑成功的儿子郑明曾率领数船人马，前往印尼三宝垄定居开发。这当中，有不少是泉州人。在马来半岛，据永春《留安刘氏族谱》载，乾隆年间，永春丰山人陈臣留，前往马六甲谋生。据说他善用中草药治病，曾治愈苏丹妻子的绝症，苏丹便赐予他大片土地开垦。于是，陈臣留回到永春祖家，带了数百名亲友同乡到马六甲从事种植。永春夹祭的郑玉书，在为家族所修的《永春夹祭郑氏族谱》中称：夹祭山多耕地少，自 10

世起，丁口日蕃，舍迁居各地外，何能生存？ 15 世后，海禁大开，南洋各属，谋生较易，族人浮海而南者，如过江之鲫。晋江福全蒋氏家族，按《福全蒋氏族谱》载，清末咸丰至光绪年间，有 6 位族人迁移南洋。永春达埔官林李氏家族，按《官林李氏七修宗谱》载，清代，移居南洋的族裔有 20 多人，分布在南洋各地。晋江苏厝苏氏家族，据《朱山考略》称，仅在清乾隆五十一年（1786 年），出国逃生者就有 160 余人。

菲律宾马尼拉王彬街

徙居南洋的泉州人，成为当地社会经济中一支具有举足轻重作用的力量，亦为中外文化交流作出巨大贡献。最为典型者，莫如许多泉州人移居南洋，带去泉州的民间信仰。诸如，道光年间，移居新加坡的泉州人创建金兰庙，主祀清水祖师；移居新加坡的南安人梁壬癸，发起创建凤山寺，供奉广泽尊王。新加坡裕廊律有座泉州通淮关帝庙，亦是移居新加坡的泉州人所建。这对于繁荣新加坡文化，无疑起了不小作用。

清代泉州人民大量涌向南洋，这对于增强泉州与南洋的经济文化交流有不小作用，促进了南洋社会经济的发展，亦繁荣了南洋的文化。

海道的文化传播

清代，泉州与海外亦有不少文化交流，泉州人往海外文化交流，除了南洋地区外，日本也是很重要的地方，而来泉州传播文化的外国人，仍然主要是来自欧洲的传教士。

清代，泉州与日本经贸往来频繁，泉州人到日本经商且侨居日本者仍然很多，并带动了文化的交流。惠安崇武人黄宝夫，清初往日本经商，落籍长崎澳。泉州浔美人万廷璧，光绪年间渡海赴日，在神户经营新瑞号商行，后加入同盟会，捐巨资赞助武昌起义军火。清代旅居长崎的泉州人很多，有些人加入日本籍。这些人能晓日、汉两种语言，幕府委以唐年行事职，负责裁判当地中国人违法犯禁或争吵的是非曲直，兼管长崎的丝绸贸易。泉州人担任唐年行事的不少。诸如，江七官，侨居日本半个世纪；吴荣宗，晋江人，清初任唐年行事，娶日本人为妻，病逝于长崎，儿子继承唐年行事；周振官，清初到日本，天主教徒，长期侨居日本，死于日本。这些唐年行事，将泉州航海、造船、习俗等传播到日本，在中日文化交流方面起了不小作用。

清代，泉州许多僧人到日本弘法。泉州僧人觉海，明崇祯年间率了然、觉意到长崎，被延请为福济寺开山，觉意为监理。清顺治年间，泉州安平人蕴谦戒琬被清廷为住持，被称为福济寺重兴之祖。随后，木庵性瑫也开法于福济寺。住持福济寺的泉州僧人尚有：永春人慈岳定琛，永春人东澜宗泽，安溪人圣垂方炳，晋江人大鹏正鲲，晋江安海人喝浪方净。此外，住持宇治黄檗山万福寺的泉州僧人有：木庵性瑫、悦山道宗。东渡日本的泉州僧人尚有：大眉性善、雪机定然、忍仙等。

泉州僧人东渡日本，对中国佛教在日本传播起了推动作用，促进了日本佛教文化的繁荣。泉州僧人在日本进行形式多样的宗教活动，广收弟子，传授佛法，促进了佛教在日本的广泛传播；兴建寺庙，开宗立派，参加佛盛会和佛法交流，大大丰富了日本佛教的内涵，也提高了日本佛教的水平，对日本佛教的发展作出了巨大贡献。泉州僧人频繁到日本游学、交流，亦对日本雕塑、建筑、书法和绘画等，产生了比较深远的影响。譬如，晋江安海人范道生，泉州民间艺术家，雕刻技艺精湛，诗画与书法亦颇有造诣，两次受邀去日本，在福济寺、兴福寺、崇福寺等寺庙，留下很多精品佛像雕塑，如长崎崇福寺的佛像、罗汉像，兴福寺的佛像、罗汉像、观音像、弥勒像等。他所塑造的佛像皆非常精美，在日本名声大噪，为中日文化艺术交流作出不小贡献。再如，隐元、木庵、即非 3 人，被日本人称为黄檗三绝。

清代，亦有些外国人来泉州，主要仍是欧洲人，传教士居多，传教的同时，亦创办医院和学校，产生了颇大影响。最为突出者，莫过于英国基督教长老会在泉州传教并创办惠世医院，亦即今天福建医科大学附属第二医院，以及创办培元中学和培英女中等。

鸦片战争后，厦门被辟为通商口岸，英国基督教长老会来厦门传教，继而向泉州扩张。清咸丰年间，英国基督教长老会派杜嘉德来厦门执掌教务，同治年间，杜嘉德 3 次到泉州城传教，泉南堂正是在这期间创立。杜嘉德阅读过大量中国古代经典，对中国语言文字有较深理解。他在闽南活动达 20 多年，熟悉不同地区的闽南话。他编纂的《厦门腔注音字典》中，列出泉州话、漳州话与厦门话的差别。早期传教士入闽传教，因水土不服与气候不适，许多人染上疾病。教会为保障传教士身体健康，以便传教，于是创办医院，派遣传教医生。教会派医生创办医院行医，成为传教事业不可分割的内容，从属于传教目的，利用医生治病取得病人信任，同时进行传教，扩大影响。光绪七年（1881 年），英国医生颜大辟来泉州，配合传教士进行施医，借以发展教徒。

翌年，颜大辟在泉州连理巷购地，创建惠世医院，自任院长。该院设病床30张，分内外两科，为闽地最早的西式医术医院之一。

英国贵族安礼逊受英国长老会牧师文高能聘请，来泉州筹办学校。光绪三十年（1904年），安礼逊在平水庙创办养正两等小学堂，不久改名培元，后迁至花棚下。1914年，分设中小学，安礼逊任中学校长。光绪十六年（1890年），英国长老会陈安理在泉州创办培英女中，翌年又在晋江创办毓英初中，光绪三十三年（1907年），又在永春创办崇贤中学。

西班牙天主教教士塞拉菲·莫雅，华名任道远，清光绪二十一年（1895年），受西班牙多明我会派遣，从澳门至漳州传教，后闽南教区主教黎亚尔委派他继任泉州天主教堂神父。他善操闽南话，颇识中文。莫雅任泉州天主教堂神父不久，曾前往菲律宾募捐，用以建学校、医院、教堂，宣传天主教和发展文化教育。光绪二十一年（1895年），莫雅倡议在泉州举办天都会学校，经费全部由教徒陈光纯负责，并献出中山路、花巷内私人楼房作为校舍，校长由莫雅兼任。因办学得法，经费充足，师资力量雄厚。该校初办小学，后改办中学和国学。泉州、漳州、厦门教友，纷纷送子女来就学。第一次世界大战后，陈光纯在菲律宾商务中落，启明学校经费困难，于1930年停办。莫雅又积极筹办医院，因资金困难，未能实现。他擅长建筑，在陈光纯的支持下，于花巷许厝埕设计建设一座哥特式的教堂，至今犹存。1945 年，莫雅逝世于泉州。

应当指出，这些来自欧洲的传教士，在泉州积极创办医院和学校，基本目的都是为了传教，传播西方文化，然而，客观上亦促进了泉州西式医学、近代新式教育的发展。

泉州培英女子学校学生毕业照

丁拱辰游历海外

清末道光年间，民族危机日益严重，仁人志士，忧国忧民，四处寻找救国救民之路，泉州亦涌现出丁拱辰这位睁眼看世界的有识之士，通过游历海外，学习西洋先进技术，成为清代著名的军事科学家。

丁拱辰，清嘉庆五年（1800 年）生于晋江滨海陈埭乡。他幼年入私塾，11 岁因家贫被迫辍学，然而，天性好学，坚持自学不辍。丁拱辰精研天文历算，并自制象限全周仪，亦即量角器，用以测量度数和推算时辰，这为日后探索西洋火炮和先进科技发明，奠定了坚实知识基础。

丁拱辰青少年时代，清朝危机日益严重，政治腐败，财政困难，军备废弛。年青的丁拱辰，曾随父亲及堂叔往浙东和广东等地经商，又随远航船舶出国经商，先后到过吕宋诸岛和波斯、阿拉伯等地。多年的海外游历，使他大大开阔了眼界。他看到西方殖民者的种种罪恶，也看到西方国家科学技术的发达，联想到中国鸦片日渐泛滥，耗费大量钱财，危害百姓健康，忧心忡忡，虽处草泽之中，常怀报国之志。远航期间，丁拱辰把自己创制的象限全周仪带在身边，加以检验，又从西洋舟师那里借到有关图书和仪器，如饥似渴学习研究西洋的机械制造，从中悟出不少基本原理。

道光二十年（1840 年），鸦片战争爆发，丁拱辰看到英国侵略者依靠船坚炮利，在中国沿海耀武扬威，残杀同胞，而清朝武器陈旧落后，使生灵涂炭。丁拱辰忧心如焚，认为要抗击英国等列强侵略，必须改善武器，学会制造西洋火炮。于是，他重点钻研西洋火炮的制造与演放方法，编著出著名的《演炮图说》。书的主要内容有：西方火炮类型与应用；西炮、西轮、火药、炮弹的制法；各种炮台与炮位的建造；各种火炮远近高低的准确测量方法；火炮演练应注意事项等，皆有图表与说明，图文并茂。同时，比较中国火炮与西方火炮的优劣。这是中国近代史上第一部详细介绍西方军械技术的专著。

道光二十二年（1842 年）春天，鸦片战争仍在苏浙地区激烈进行中，丁拱辰的《演炮图说》印行，随即转呈靖逆将军奕山和两广总督。经许可，丁拱辰在广州铸炮，制造出一种新火炮。这种新火炮，灵巧坚固，能上下左右改变射击角度，操纵极为灵便，成为当时一种先进武器。新火炮铸出后，他又向火炮手传授发射方法。这些新式大炮，旋即送至军中使用，在反侵略的鸦片战争中，发挥了实际效果。因此，道光皇帝称赞丁拱辰：矢志同仇，留心时务，可嘉之至！清廷并赏给六品军功顶戴。丁拱辰祖家陈埭丁氏宗祠中，亦因此挂起了匾额：名达九重。

鸦片战争失败后，英美等列强肆无忌惮地侵略中国，丁拱辰并没有灰心丧志，亦没有停止学习和研究。他经过多次实践，继续修改《演炮图说》，并通过在京御史泉州人陈庆镛的帮助，聘请精通数学和机械制造的山东日照人丁守存帮助校订，三易书稿后，道光二十三年（1843 年），重辑为《演炮图说辑要》，由泉州城内会文堂刊印出版。全书分 4 卷 50 篇，附图 110 多幅，对各种火炮、火药及轮船、战舰的制法和运用，都详加说明，并附有图表。该书特别强调炮弹的制造与火力关系，同时，论证中国火炮与西方火炮的优劣，批判恐外心理。

道光二十七年（1847 年），丁拱辰闻知，百多年前，德国来华传教士汤若望的火器专著《则克录》，已在 6 年前刊刻出版，便托人到苏州买来详细校对。丁拱辰发现该书存在某些错漏，即为之修改补充，重新增编为《增补则克录》3 卷，附图 88 幅，咸丰元年（1851 年）出版，从实践上为中国制作火炮技术提供了理论依据。同年，丁拱辰应钦差大臣赛鹤汀聘请，前往广西桂林督造各种火炮。通过实践，他又有了新收获，撰写了《演炮图说后编》2 卷 64 篇，附

图 81 幅，对大炮、炮弹和各种小型火器的技术，作了更为详细的说明。

咸丰至同治年间，洋务运动兴起，丁拱辰北上江苏、上海，继续为编撰西洋武器著作和研制西洋武器而奔波。同治二年（1863 年），因受推荐，丁拱辰奉命到上海襄办军器。这期间，他又著《西洋军火图编》6 卷，12 万字，附图 150 幅，使西方军事技术在中国得以广泛传播和应用。另外，道光年间，丁拱辰还撰写了《西洋火轮车、火轮船图说》的长文，这是中国近代第一篇关于火车、轮船的论文和设计图，在发展中国近代交通工具方面，亦有重要功绩。

丁拱辰锲而不舍，从《演炮图说》到《演炮图说辑要》到《演炮图说后编》，再到《增补则克录》与《西洋军火图编》的撰述、出版和实践活动，使他成为中国近代第一个能正确论述和制造西洋武器的军事科学家，对中国近代科学技术的发展作出了颇为突出的贡献。在当时科学技术落后的中国，他的军器和发明，不能不说是具有创造性的发明创造，都具有颇大的科学价值，对于巩固国防、抗击外国侵略者，起过不可否认的作用。

丁拱辰的《演炮图说》，得到林则徐和魏源等人的高度赞赏。主张师夷长技以制夷的著名爱国者魏源，读了《演炮图说》后认为甚合时用。闽浙总督邓廷桢称赞丁拱辰：“辨微妙解弧三角，策事真通垣一方。”福州状元林鸿年赠诗曰：“诸葛神机用火攻，舟车战法古原通。极西浅诩量天尺，本出玑衡矩度中。”鸦片战争失败后，林则徐被贬谪回闽，读到《演炮图说》，非常盼望能与丁拱辰见面详谈，方觉快心。可以说，丁拱辰是与魏源、林则徐等人一样的清代睁眼看世界的有识之士，亦是泉州的骄傲。

晋江陈埭丁氏宗祠

近代落寞的海港

鸦片战争至民国时期，多种因素相互作用，尤其列强的侵略掠夺，中国社会半殖民地半封建化不断加深，以及对外通商口岸的转移，使明清以来已步向衰颓的泉州海交活动，受到进一步压制。

1840 年鸦片战争爆发，英国侵略者利用坚船利炮，敲开了古老中国的大门，清政府以失败告终，被迫于 1842 年与英国签订不平等的《南京条约》，开放包括厦门和福州在内的 5 处通商口岸。随后，腐败无能的清政府，又与西方列强签订了许多丧权辱国的条约，中国逐步沦为半殖民地半封建社会，泉州社会经济日益沦落，海外交通活动亦陷于困境之中。

如果说，自 15 世纪以来，随着葡萄牙、西班牙、荷兰等西方殖民者的东侵，抢占殖民地，尤其是攻占了南洋不少地方，使泉州对南洋这个重要贸易对象的贸易受到很大影响，那么，泉州港的对外通商职能被厦门港所取代，则使这种影响进一步加深。早在康熙二十三年（1684 年），清政府已正式在厦门设立海关，泉州港对外通商职能被厦门港取代。此后，泉州港走向衰落，沦为地方性小港。鸦片战争后，在西方列强经济侵略和扩张策略影响下，厦门和福州作为对外通商口岸，经济上逐步取代了泉州的地位，泉州社会经济更加低落，海外交通地位亦进一步为厦门所取代。不仅海外贸易地位进一步为厦门所取代，而且作为海外交通重要组成部分的迁移海外活动亦主要通过厦门港。

明清以来，泉州的海外交通活动，最为重要的内容，除了贸易之外，则是百姓大量迁移海外。而这项活动，随着泉州海外交通地位的低落，亦为厦门港所取代。鸦片战争后，山河破碎，国脉陆沉，民族矛盾与阶级矛盾交织，非常尖锐，三座大山，重重压在泉州人民头上。接踵而来的战争赔款摊派，依旧十分严重的土地兼并，再加上连年不断的灾荒，使泉州百姓蒙受巨大苦难，生计极为艰难，不得不背井离乡，继续纷纷前往海外谋生，从而掀起迁移南洋的新高潮。1893 年，清政府正式废除海禁，允许人民自由出国，对泉州百姓前往南洋产生了巨大影响。此时的南洋地区，已被西方殖民者基本瓜分完毕。南洋地区的西方殖民者，继续大量招募华工，并使之合法化。西方殖民者为开发南洋地区，需要更多廉价的劳动力。他们以契约华工的方式，诱使泉州百姓以空前规模移居南洋地区。1842 年，厦门和福州作为通商口岸开放后，英法殖民者通过驻厦门和福州的领事和外商，非法从事贩卖华工贸易。1845 年，英国商人首先在厦门开设德记洋行。同年，英国商人又开办了和记洋行。1850 年，西班牙殖民者在厦门开办瑞记洋行。这些洋行，包揽了闽南地区的贩卖华工贸易。1845 年到 1853 年，厦门是贩卖契约华工的中心，出洋的华工，主要来自漳泉地区贫穷的百姓。第二次鸦片战争后，1866 年至 1868 年，清政府被迫先后与英、法、美签订条约，允许这些列强可在中国任意招募华工，如此，本为非法的契约华工，变成了合法化。清代后期泉州百姓出国，许多正是以契约劳工身份，被当成可贩卖的猪仔从厦门出洋的。

泉州港外贸业务全由厦门港所取代，泉州百姓移居出洋亦为厦门港所包揽，泉州的海外交通业务基本被取代，泉州海外交通活动陷入困境。泉州船舶运输只能走沿海某些国内航线，且不是很多。在外轮开始入侵泉州港时，泉州木帆船运输从南洋航线转向以北洋、国内沿海航线为主，即从泉州经福州、宁波、上海至青岛、天津、大连等地。光绪元年（1875 年），晋江安海与厦门始有小火轮航班。光绪二十四年（1898 年），泉州商人从台湾购回台南号轮船，航行泉州至福州航线，客货兼运。清末，泉州港也有厦门民营轮船航行于厦门至泉州之间。总之，船舶运输转向以国内沿海航线为主，规模亦不断萎缩，泉州港只是个地方性的小港口了。

辛亥革命后，清政权被推翻，中华民国建立，泉州港有所恢复，国内航运在民国初期一度较为繁荣，相继创办了10多家轮船运输公司。民国期间，泉州商人联合组建八闽轮船公司，先后有建昌号、建裕号等轮船航行于泉州至福州、宁波、上海等地；泉永轮船公司轮船，航行于泉州至涵江、福州、上海等地；振兴、恒太、捷益、安记、永源等船务行的轮船，航行于泉州至兴化、温州、宁波、上海、烟台、天津、大连、营口等地，航运业务颇为兴盛。然而，发展环境并没有得到根本改善，依然困难重重，发展步履维艰。而且，泉州港仍然没有经营外贸业务和海外客运。

1937年，日寇发动全面侵华战争，战火亦蔓延到福建。福建作为对台前沿，成为对日斗争前线，日寇不断骚扰沿海地区，福建港口及航运长期被封锁，与各外国口岸的通商全告中断，交通断绝，港口贸易大幅萎缩。泉州海交活动亦受到进一步打击。

抗日战争胜利后，福建沿海封锁解除，海外交通恢复，福州、厦门、泉州等港口相继复兴。1947年，泉州南洋轮船公司的华龙号、华德号轮船，航行泉州至兴化、上海、台湾等地；丰运公司的丰运号轮船，航行泉州、上海之间。另外，还有大通、晋通等多家船行，航运业务逐渐恢复，泉州海交活动一度出现短期的繁荣。

可是，好景不长，国民党发动全面内战，社会经济崩溃，国民党败军溃逃，沿海许多船舶被征用被破坏，泉州海交活动又遭受致命打击，泉州港贸易业务大为衰落，甚而枯竭和停港。

连接后渚港的洛阳江

当代海丝的重兴

中华人民共和国成立后，泉州港获得了新生，尤其改革开放以来，旧貌换新颜，泉州海丝活动焕发出新的青春和活力，亦成为带动泉州社会经济发展的重要动力。

1949 年，中华人民共和国成立，泉州港也因此获得新生，进入新的发展时期。然而，多种因素的影响，特别是由于泉州处于海防前线，因此，相当长一个时期内，发展仍然受到不小制约，步伐仍然较为缓慢。

新中国成立后，福建省成立航务局，统一管理全省港务和航政，并对福建水路运输业实施社会主义改造。福建受海峡两岸军事对峙影响，沿海港口航运处于封闭状态，台湾海峡南北分隔，无法直接通航。福建航运以泉州为界，形成南以厦门、北以福州的南北两个中心点和航区，仅限省内及邻省航线，且必须在武装护航下才能开展海上运输。1951 年，泉州湾港区经国家批准，对外国籍船舶开放，方才开始有轮船进出泉州外港秀涂锚地。1955年，因军事原因，改由莆田涵江港进出。1959年，泉州港对外关闭，禁止所有船舶进入泉州湾，少数经过泉州港的小型船舶也要隐蔽航行。因此，泉州港的建设受到极大影响，港口投资甚少，发展缓慢，航道也因此失修失养，淤塞日益严重。1964年，泉州后渚港着手新建1000吨级码头，但是，修建计划因“文化大革命”爆发而被搁置。1977年，后渚港建成了两座500吨级浮码头，这是泉州港靠泊能力最大的码头，泉州港告别没有正规码头的历史。1978年，出入泉州港的轮船，恢复按正常航线通航。

1978年，中共十一届三中全会召开，随后开始实施改革开放政策，福建沿海港口发展环境大为改善，这也给泉州港的发展带来了前所未有的良好机遇。1979年，泉州后渚港被批准为外贸物资起运点，通航香港。1980年，泉州重设海关机构。1983年，国务院批准泉州港为对外开放港口，泉州港正式恢复对外籍船舶开放。1985年，泉州港务管理局从福州港务管理局分离，不再隶属于福州港务管理局，而成为与福州港务管理局并行的独立的港务管理机构。按《泉州海丝史话》载，1996年，泉州港划型为大型港口。1998年，泉州港开始科学规划，明确发展方向，编制完成总体布局规划。从1981年开始建设3000吨级码头泊位，到1990年投资建设10万吨石油专用码头，泉州港开始步入上规模、上等级的建设，重心逐渐向大型化、深水化转变。2009年，泉州肖厝、鲤鱼尾、斗尾、石湖等4个深水码头泊位群初见雏形，尤其是斗尾青兰山30万吨级原油码头建成投产，为福建省最大的深水码头。2010年底，泉州港已建成码头泊位103个，当中有19个万吨级以上的深水泊位。设计通过能力8400万吨，当中集装箱136万标箱，形成了泊位功能比较齐全的港口。同时，大力整治航道，完善航标设施，着力提升通航等级。1987年，首次对后渚港外航道清理疏浚，从此结束了不能通航万吨级海轮的历史。2007年，湄洲湾一期航道工程完成，全长300多公里，可全天候通航10万吨级船舶。2008年，湄洲湾30万吨级航道建成。2010年，泉州湾口至石湖10万吨级深水航道工程，围头湾10万吨级通海航道工程，相继完成并投入使用。航道的建设，解决了通航能力滞后的突出问题，为泉州港的进一步发展奠定了坚实基础。

经过改革开放40多年的发展，泉州港面貌焕然一新。按《泉州海丝史话》载，货物吞吐量，1949年5万吨，1978年29万吨，1990年100万吨，1997年1000万吨，2010年8450万吨，位居全国沿海港口第18位，2015年更是达到1亿2200万吨。集装箱吞吐量从无到有，从少到多，1990年180标箱，2010

年 136 万标箱，全国排名第 12 位，全省首位，2015 年 201 万标箱，是全国内贸集装箱运输五大港口之一。泉州港重新焕发出古港雄风，走上“主打内贸集装箱，兼顾外贸集装箱”的发展之路。目前，泉州港货物吞吐量和集装箱吞吐量，全国排名位置与全省排名位置双双名列前茅。泉州已经开辟了与菲律宾、韩国、日本、阿拉伯等 23 个国家和地区的国际运输航线。今日的泉州港，已经成为福建省原油进口和成品油出口的重要基地，是泉州建材、陶瓷、鞋帽、服装、食盐内外贸出口的重要集疏中心，石油、钢材、煤炭、食糖、化肥、酒类等进口的重要集疏中心，为推动泉州内外贸经济发展，促进海内外经济、文化、人文交流，促进泉州建成现代化工贸港口旅游城市，奠定了重要的基础，扮演着十分重要的角色，发挥着巨大的作用。

港口发展与城市发展密切关联。历史上，泉州城因港而兴，凭借便捷的海上交通，成为“光明之城”和“世界多元文化中心”；反之，泉州港也因城而兴，凭借发达的贸易经济，成为古代“海上丝绸之路起点”和“东方第一大港”。近年来，泉州市大力实施“以港兴市、港城联动”战略，有力地促进了港口规模和城市框架的扩大，已经成为福建省的三大中心城市之一，泉州港也豪迈地跨进了亿吨大港的行列。

风起云涌，古港新生。走过1500余年的历史，现在的泉州港，正抢抓机遇，重振千年古港雄风，全力以赴推进泉州港振兴和发展，全力打造现代化综合性港口，打造“21世纪海上丝绸之路先行区”和“海上合作战略支点”，推动泉州在新一轮高水平对外开放中抢占先机，走在最前列，以更加壮美的姿态，拥抱蓝海，逐梦未来！

旧貌换新颜的泉州港

第四篇 巨大效应

大海，作为泉州人的重要活动舞台，始终与泉州人民的生产生活息息相关。它是泉州波澜壮阔历史的最好见证者；它对于历代泉州的政治产生了很大影响；它对于千百年来泉州社会经济的发展更是影响巨大；它所产生的各种文化元素亦大大丰富了泉州文化；它既是泉州传统人文精神的突出体现，亦向世人宣示着泉州未来的发展路向。

海见证泉州历史

星移斗转，岁月悠悠，朝代更迭，社会变迁，浩瀚的大海，作为泉州人民生产生活的重要舞台，始终与泉州人民息息相关，可谓是泉州历史的很好见证者，见证了千百年来泉州波澜壮阔的历史，既有诸多的精彩，亦有不少的无奈。

海，见证了泉州人民艰难的生存史。一部古代至近代泉州人民的生存史，可以说是一部充满艰难困苦的历史，生活于泉州这片土地上的泉州人民，始终不能不面对各种艰难困苦。这些艰难困苦，大海无疑是很好的见证者。诸如，长期困扰泉州人民的人多地少的尖锐矛盾，历朝历代严重的土地兼并，社会剧烈动荡造成的破坏，频繁肆虐的天灾带来的危害，等等，都可以从泉州人的海上活动中得到某种反映。而某些天灾人祸，更是与大海直接相关，要么由海而来，要么就发生于海上。诸如，台风，每年经常从海上刮来的台风的破坏，以及往往随之而来的暴雨产生的洪涝灾害；经常发生的船毁人亡的海难，给许多航海者的家庭造成的悲剧；经常出没于海上的海盗，严重威胁海上航行的人们的生命财产安全；倭寇猖狂肆虐，许多无辜百姓死于非命；长期的禁海与严酷的迁界，给百姓带来的种种祸害；等等。所有这些，大海都是直接的见证者。

海，见证了泉州人民不凡的创业史。历史上的泉州，艰难的生存环境，没有摧垮泉州人民的意志，反而激发了泉州人民奋力拼搏的顽强斗志，从而谱写出令世人瞩目的创业史。这部不凡的创业史，大海也是很好的见证者。千百年来，泉州人的创业，泉州人所取得的创业成就，很多都与大海相关。泛海经商与渡海外迁，既是泉州人创业开拓最为突出的两个方面，同时也是泉州人开拓创业最有成就的两个方面。泛海经商，使许多泉州人发家致富，亦为泉州社会经济的发展立下汗马功劳。迁移台湾和南洋，同样涌现出许多成就不凡的杰出人物。这两个方面，更是与大海直接相关。泛海经商，无论是海外经商或国内沿海经商，皆以大海为途径，通过扬帆出海来实现。至于渡海外迁，尤其是迁移台湾和南洋各国，寻求开拓新的生存空间，大海同样都是必经之路。所有这些，大海无疑亦是很好的见证者。

海，见证了泉州人民的爱国爱乡史。爱国爱乡，亦是泉州历史的重要组成内容。泉州人素有爱国爱乡的传统，历史上曾经涌现出许多壮怀激烈的爱国爱乡故事。这种爱国爱乡的历史，大海同样是重要的见证者。郑成功挥师东渡，驱逐荷兰殖民者，收复祖国宝岛台湾，成为名垂青史的民族英雄，至今犹为国人所传诵，亦是泉州人的骄傲和自豪；施琅将军顺应历史潮流，率水师平定台湾，完成祖国统一大业，功勋卓著，世人称颂；俞大猷驰骋海疆，抗击倭寇，威震敌胆，与戚继光齐名，热血写春秋，英名传四海；丁拱辰面对民族危机，忧心忡忡，游历海外，积极寻找救国救民方法，军事科学贡献突出，不愧是开眼看世界的先进中国人。与此同时，前往海外的泉州人，不忘故土，热爱桑梓，纷纷以各种方式报效家乡，亦有许许多多感人至深的故事。所有这些，大海同样是很好的见证者。

海，见证了泉州与海外各国的友好交流史。历史上的泉州，始终重视加强与海外各国的沟通，积极发展与海外各国的友好关系，谱写了内容异常丰富的与海外各国的友好交流史。这种友好交流史，大海同样是很好的见证者。泉州人充当友好使者，扬帆出海，前往海外各国进行访问活动，增进海外各国与中国的相互了解与友好关系，同时，热情接待了许许多多跨海而来的海外友好使者；泉州人通过海上丝绸之路，不断地把丝绸、瓷器、茶叶等中国特色物品运往海外各国，同时运回海外的各种特色货物，达到经济上互通有无的目的；泉州许多人漂洋过海，前往海外传播佛教，传播中华雕刻、绘画等各种传统文化，同时吸纳从海外传入的各国文化，丰富泉州文化；泉州人通过海上与海外各国的交往，将泉州和中国不少先进的科学技术传播到海外，同时也吸收了海外的某些科学技术。所有这些，大海同样是很好的见证者。

海，见证了泉州港千年兴衰历史。历史上的泉州港，作为泉州对外交往的重要枢纽，曾经有过耀眼的辉煌，也经历过衰落的冷寂。这种令人感慨的兴衰史，大海同样是很好的见证者。历史悠久的泉州港，南朝的时候，已是中国重要的海外交通港口。唐代，借助海上丝绸之路的兴起，泉州港迅速崛起，日益兴盛，成为中国对外通商贸易四大港口之一，海上丝绸之路的重要起点港。五代，泉州港以刺桐港闻名中外。宋元时期，泉州港更是辉煌，在世界海上贸易的地位不断提高：中国第一大港，东方大港，东方第一大港，世界最大港口之一，宋元中国的世界海洋商贸中心，声名远播，享誉天下。明清时期，长期的严厉禁海，加上市舶司的转移，倭寇的骚扰，沿海的迁界，西方殖民者的东侵，等等因素，泉州港昔日风光不再，日渐走下坡路，迨至近代，更是沦为一个默默无闻的地方性小港口。中华人民共和国成立后，尤其是改革开放以来，泉州港得改革开放春风沐浴，旧貌换新颜，重新焕发出青春和活力，正在谱写新的更加光辉灿烂的篇章。

总之，泉州与海的千年因缘，是泉州历史的重要组成部分，亦可以说是泉州历史的一个缩影，从中可以看出泉州人民的行为特色，发现泉州人民的精神特质，亦可以预见泉州更加美好的未来。

今天的石狮石湖港

海影响泉州政治

大海，作为自古以来泉州人重要的活动舞台，它对于历朝历代泉州的政治生态，产生了很大影响，既对泉州地方官府的施政理念与行为有重大影响，亦对泉州百姓的政治态度与行为有不小影响，两者又有着密切的关系。

海事活动，影响历代泉州政治，究其原因主要在于：

历代最高统治者的海事政策，必然对泉州地方官府的施政具有重大影响，使其不能不采取相应政策措施，从而与最高统治者保持政治上的一致。而大海作为泉州百姓生计的重要依托，官府的海事政策必然直接影响到泉州百姓的生计，从而引发泉州百姓的各种反应，不能不影响到泉州的政治生态。

唐朝实行对外开放，甚为重视海外贸易，鼓励番商前来中国，并明确要求地方官员，不能对番商过重征税，还要经常加以关心，且曾以皇帝诏书的形式来表达。泉州地方官府不能不高度重视，把海外贸易作为施政的重要内容，并采取相应的支持和鼓励措施。泉州城内胭脂巷建立供番商集中居住的番坊，正是这期间泉州地方官府为招引番商而采取的重要举措。泉州百姓亦予以配合。如此，泉州社会相对稳定，没有发生重大的动荡。

五代时期，先后主政泉州的王延彬、留从效、陈洪进，皆采取发展海外贸易的政策。王延彬任泉州刺史，经常派船舶往海外贸易。留从效统治泉州，进一步拓展海外贸易，鼓励所属各县到南洋诸国开展商贸活动，还派人出使占城，招引番商。王延彬、留从效、陈洪进，为了适应泉州海外交通发展的需要，相继扩建泉州城。这些举措，得到泉州百姓的认可和赞赏。泉州百姓称王延彬为招宝侍郎，主要正是因其海事政策措施；泉州百姓称赞留从效治泉有方，重要内容亦在于其积极开展海外商贸，给百姓带来好处。因此，五代时期的泉州，官民关系仍相对和谐，亦促进了泉州以刺桐港闻名于中世纪。

宋元时期，朝廷更加重视对外贸易，采取各种鼓励措施。北宋建立后，甚至派使臣到海外“招诱”番商来华贸易。泉州市舶司的设置，亦是北宋发展海外贸易的重要举措。南宋，朝廷赋予泉州港与两浙路等同地位，并拨付专款给泉州市舶司作为资金，扩大泉州港对外贸易。元朝，元世祖忽必烈多次申明开展海外贸易及善待番商政策，竭力争取主张开展海外贸易的泉州阿拉伯后裔巨商蒲寿庚，又加封泉州海上女神妈祖为天妃，鼓励百姓从事海外贸易。朝廷重视和鼓励，泉州地方官员亦不敢怠慢。而且，正如南宋两次知泉州的真德秀所言：泉州，无论官府开支或百姓生计，都得依靠番舶。宋代泉州官员重视祈风，蔡襄主持建造洛阳桥，泉州官府允许番商番客自由居住，并沿唐制于城南辟专门居住区番坊，开办番学，甚至给予番商番客律法上某些特权，等等。官府这些行为，得到泉州百姓的认可。蔡襄、真德秀、王十朋等人，深得泉州百姓称赞，被认为是贤明知府，重要原因亦在于此。泉州百姓还有不少配合官府的行动，诸如，让番人在泉州建清真寺以及印度

泉州洛阳桥南的蔡襄祠

教寺院；积极资助建造洛阳桥、安海五里桥，建造六胜塔、姑嫂塔等作为海上航标，等等。可以说，宋元时期，泉州港地位不断上升，是与这期间泉州政治生态密不可分的。

明代，朝廷实行禁海的同时，又实行朝贡贸易。泉州地方官府积极贯彻执行朝廷的海禁政策，尤其是协助官军围剿违禁下海的百姓。泉州官府积极配合朝廷的朝贡贸易。朝廷赐给琉球海船，就有泉州地方官所掌之船。明朝厉行海禁，亦是为防范倭寇。泉州地方官府对于倭寇的侵扰，同样采取积极的抗击措施。而泉州百姓的态度，就比较复杂了。朝廷的朝贡贸易，泉州百姓亦予以配合，明太祖将闽人36姓善操舟者赐给琉球国，当中就有泉州的蔡姓和梁姓。官府抗击倭寇，泉州百姓亦坚决支持并积极配合行动。泉州百姓对于禁海，无疑是反对的，且以各种方式加以反抗，违禁下海比比皆是。这又造成了官民关系的长期紧张，亦令朝廷和地方官府十分头痛。而且，泉州不少学者，亦为此呐喊，实则是对海禁的抗议，对百姓的同情和支持。

清朝建立后，沿袭明朝的海禁与朝贡贸易相结合政策。清初，朝廷不断重申海禁，极为严厉，违者重典伺候，并严格规定，地方官吏敢于同谋，或者放纵，或知情不报，分别处以斩首、绞刑、革职、降职的惩罚。清初，朝廷又实行严酷的迁界。泉州地方官府对于朝廷这些政策，同样忠实贯彻执行。诸如，迁界，泉州是重点。强迫百姓内迁，挖界沟，筑界墙，焚毁界外房屋，这些事情，正是由地方官府来干的，地方官员不敢怠慢。因为，它涉及乌纱帽。而泉州百姓对于这些政策无疑亦是非常不满。海禁自不必说，迁界更是怨声载道。因为，它对泉州沿海百姓的祸害实在太大。如此，百姓自然痛恨并以各种方式反抗，犯禁下海者仍比比皆是，偷渡南洋者人数众多，官民矛盾的尖锐可想而知。清朝的几位皇帝，每每提到闽南沿海民风，总是摇头叹息，重要原因也正在于此。

改革开放后，国务院批准泉州港为对外开放港口，泉州港恢复对外籍船舶开放。泉州港划型为大型港口。得益于国家政策的支持，地方政府得以大显身手。泉州政府开始科学规划，明确发展方向，编制总体布局规划，并着手实施，建设码头泊位，泉州港开始上规模、上等级的建设，重心逐渐向大型化、深水化转变。同时，大力整治航道，完善航标设施，着力提升通航等级。泉州百姓亦热情支持，积极配合，使泉州港经过改革开放 40 多年的发展，面貌焕然一新，焕发出更加迷人的风采。

海成就泉州经济

海，作为泉州人重要的生计来源，它对于千百年来泉州社会经济的发展更是产生了巨大影响。唐代以来，泉州社会经济发展长期居于福建前列，这当中，海功不可没。

唐代，泉州港迅速发展为中国对外通商贸易四大港口之一，海外贸易繁荣，这有力地推动了泉州社会经济的发展，使之在此前几百年渐次发展的基础上持续发展，且速度加快了。这既反映在农业方面，更反映在手工业和商业方面。得益于海外贸易的需求，各种外销商品生产皆有很大的发展，造船业也有很大进步。海外贸易商品大量聚集，极大地推动了商业的兴盛，海内外商人云集泉州，“市井十洲人”的诗句，正是形象的描述。不仅城市经济繁荣，乡村经济也颇为繁荣。晚唐登进士榜的南安人盛均在《桃林场碑记》中，有这样的描述：宣宗大中年间，往永春探访叔父，沿途所见乡村，许多犹如都市，居民众多，房屋密集，烟火非常旺盛。到处都有商铺，售卖各种商品，琳琅满目。天还未放亮，路上已甚为热闹，商人旅客，来来往往。旁边的晋江，有不少船只，载着各种货物，往来于泉州港。很显然，这种繁荣亦与海外贸易兴盛有着密切关系。

五代，泉州海外贸易继续发展，挟海外贸易之利，社会经济仍然较为繁荣，继续保持较好的发展态势，成就颇为引人注目。陶瓷业、矿冶业、丝织业等，这些与海外贸易直接联系的行业，更是繁荣。泉州因是当时外销瓷的重要产地，陶瓷生产规模很大。银器、铁器因是重要外销品，泉州有不少冶银冶铁工场，城西龙头山的铁炉庙，相传就是留从效鼓铸之地，安溪也因冶银冶铁而由场升格为县。丝绸、茶叶因为亦是重要外销品，产量也甚大，尤其是丝绸。陈洪进五代末据漳泉，宋太平兴国初年贡泉州土产葛，多至两万匹，可见生产数量庞大。泉州城相继几次扩城改造，亦颇能说明问题，既是促进海外贸易发展的需要，亦是海外贸易发展的某种结果。陈洪进纳土于宋，泉州城墙被拆毁，随后有 3 次修筑，城周 438 丈，全部用石头砌建。正由于海外贸易有力地推动了泉州社会经济的发展，宋王朝才会有余款把土城改为砖石修建。

宋元时期，泉州成为东方大港，海外贸易繁盛，亦使社会经济在唐五代以来的基础上，得到进一步发展。农业方面，新品种占城稻因海外贸易传入泉州，迅速推广，粮食产量大为提高。茶叶、棉花等经济作物，因受到海外各国欢迎，是重要出口商品，种植面积不断扩大。丝织业、陶瓷业和造船业，因海外贸易发展而闻名四方。丝织品远销 20 多个国家，相当发达，产品还被列为贡品。陶瓷作为重要出口商品，陶瓷业也进入蓬勃发展时期，目前已发现的宋代窑址达 100 多处，无论烧制工艺或者雕塑造型，都已达到很高水平。造船业也颇发达，有不少民营造船厂，所造海舶数量多且载重量大。海外贸易兴盛，带来社会经济空前繁荣，经济地位迅速上升，跻身全国发达地区行列，尤其是南宋时期，泉州经济在全国更具有举足轻重地位。南宋初年，朝廷市舶司收入为 200 万缗，占朝廷财政收入百分之二十。泉州市舶司收入，已与广州市舶司并驾齐驱。绍兴末年，泉州市舶司年收入近百万缗，几乎占全国市舶司收入近半。宋代的泉州，建了两座驰名中外的大石桥，洛阳桥和安平桥，这两座耗资巨大的大石桥的建造，同样既是发展海外贸易推动经济发展的需要，又是海外贸易兴盛经济繁荣的某种结果。

明代的泉州，虽然朝廷厉行海禁，官办朝贡贸易规模亦不大，可是私商海外贸易甚为兴盛，这也推动泉州社会经济继续得到相当程度的发展。最有代表性的，乃是与海外贸易直接相关的手工业，其中织染业最为突出。泉州同时设有染局和织造局，当时全国除北京和南京有织染局之设，苏州和杭州等纺织业发达地区有织造局之设，而泉州则是染局和织造局俱设，故有“织染为天下最”之盛誉。陶瓷业、铁器业、造船业、制茶业等，亦颇负盛名。德化的白瓷，晋江的陶瓷，都是很受欢迎的外销货。泉州各县的茶叶生产各有发展，又都有外销，而以安溪为最盛。安溪所产的铁器，也甚有名，不少销往东南亚。泉州在明代出现了花巷、打锡巷、打铁巷、打线埔等表示专业性生产的地名，晋江有专门从事陶瓷生产的磁灶村，惠安有专门造船的西坊乡等，都说明商品经济的发达。航运业居于沿海各省的领先地位，商船频繁往来于南北洋。外销商品生产的发展，为海外贸易提供了充足的货源，亦使泉州经济继续居于福建前列。

清初一个时期，因受禁海与迁界影响，所以在清朝开国后的近 40 年间，即顺治年间至康熙初年，泉州海外贸易处境艰难，发展处于停滞状态，社会经济发展亦受到很大打击。不过，从整个清朝存续时间看，这毕竟是个较为短暂的时期。清朝复界后，虽然仍实行海禁政策，禁止沿海人民对外贸易，但是，私商贸海活动始终没有停止，且规模依然不小，从而也成为推动泉州社会经济发展的不小动力，加上自台湾统一后，政策渐趋正常，泉州社会得到近二百年安靖。因此，社会经济从复界后开始逐渐恢复和发展，并一直保持了较好的态势。海外贸易推动社会经济的发展，最为突出的体现，仍然在于手工业和商业方面。手工业方面，那些传统的与海外贸易直接相关的行业，诸如陶瓷、冶铁、造船、制茶、制盐等，继续取得进步，规模亦较大。商业方面，海外贸易带动，府城和各县县城进一步扩大，商品交流频繁，商业仍然繁荣。税收方面，清代泉州府县的税收，始终居于福建各府州之首。

近代以来，尤其现当代，泉州社会经济发展虽然曲折，但仍长期居于福建前列。泉州人这方面的成就，无疑亦与海有着极为密切的关系。

停泊在泉州港的海船

海丰富泉州文化

海，作为历史上泉州人的重要活动舞台，它所带来以及所引发的各种文化元素，亦大大丰富了泉州文化，尤其是宗教文化、民俗文化、方言文化、家族文化，以及文学艺术等，无不为其所蕴涵和濡染，在不同程度上打上其烙印，影响广泛且甚为深远。

宗教文化

泉州有“宗教博物馆”之称，历史上宗教文化极为繁荣，宗教林立，争奇斗艳，几乎世界上所有影响较大的宗教，都曾在这里拥有一席之地，留下了各自的活动踪迹，令人叹为观止，且好巫尚鬼，又有繁多的俗神崇拜，令人眼花缭乱。这种颇为奇特罕见的神灵崇拜现象，它的形成和发展、延续，无疑与海上活动关系密切。海上活动，意外风险甚多，无论捕鱼还是海外贸易，或者移居海外，无不充满难以预测、难以把握的风险，随时有丧命的可能。海上活动的巨大风险，不能不助长神灵崇拜，使频繁从事海上活动且强烈企求获得成功的泉州人，在自身努力奋斗的同时亦企盼得到冥冥之中各种神灵的保佑。基于各种神灵皆有消灾祛祸纳福迎祥的功能，使泉州人不能不对各种神灵怀有高度的敬畏之情。同时，海外贸易兴盛带动了中外文化的更多交流，兼收并蓄的突出文化性格，使泉州人能以包容的心态接纳了来自世界各地的多种宗教在泉州安家落户。如此，多元宗教文化的形成并长期延续下来，亦就不难理解了。

民俗文化

泉州多姿多彩的民俗文化中，有不少习俗与海上活动有关。日常的衣食住行，最为突出。穿着习俗方面：民国时期，俗称“遮瓢”的呢礼帽，被称为“番仔衫”的连衣裙，自海外传入后，很快风行泉州。饮食习俗方面：泉州沿海居民首重海鲜，创造出不少颇有地方特色的海味佳肴，同时亦接纳了不少来自海外的食物与食谱，诸如咖喱鸡和咖喱牛肉，以及烧沙茶牛肉串等。居住习俗方面：传统民居中的洋楼，俗称“番仔楼”，主要是南洋华侨回家乡建筑，汇合中西建筑风格，既表现出西洋建筑风格，又保留泉州传统民居宫式大厝特色。出行习俗方面：扬帆出海要选择吉日，船只出海前祭祀海神，船上饮食用的碗碟杯盏须向上摆放，吃鱼时不得随便将鱼翻转过来，妇女不准横跨长橹或用手摸船舵，遇到漂浮死尸须先烧纸钱再将尸体捞起，船到海港码头抛锚后要烧稳锭金纸等等。华侨出洋之前须到公妈厅拜公妈，亲友要为其送顺风，要带一小包泥土及一小瓶井水，走出大门后须“三回头”看望故居，等等。

方言文化

泉州方言，它既随着历史上泉州人大量出海外迁而跟着流向四方，尤其是台湾地区和东南亚等地，又在发展演变过程中不断吸纳海外各种新词语新字音，特别是东南亚各地的语词，融入自己的语言体系中。泉州方言中的外来词，从其来源看，主要有 3 个途径：来自与西域文化的交流；来自与东南亚文化的交流；来自与英美西方文化的交流。从吸纳时间看，主要有 4 个时期：汉唐时期；宋元时期；晚清到民国初期；20 世纪 80 年代以来。从内容看，主要体现在饮食文化、宗教文化、商业文化、体育文化等方面。饮食文化最为突出。诸如，中国人日常食用的菠菜，泉州话叫“菠伦菜”，这种叫法是唐初从尼婆罗国输入的。又如，泉州方言称西红柿叫“甘仔得”，这种叫法源于菲律宾他加禄语。正是从宋元时期开始，泉州方言引进了许多外来词。诸如，源自属于南岛语系的马来西亚与印度尼西亚的马来语，源自于菲律宾他加禄语，源自近代及现代英语。

家族文化

泉州是福建乃至中国传统家族制度最为兴盛的一个地区，家族文化上下越千年，始终是基层社会重要的文化特征。这与海亦有不小关系。典型者，诸如禁海、迁界、倭寇骚扰等，无不给社会带来剧烈震荡，也给百姓带来巨大苦难。社会动荡剧烈，到处弥漫着不安焦虑情绪，百姓从自身经历中，深刻地认识到，弱肉强食的社会，族人相互保护相互扶持的重要性。如此，泉州社会发展的基本趋势，就是家族人际关系纽带的强化，家族组织越来越严密。家族组织的发展必须有相应的经济为基础，尤其是祠堂的建筑，坟墓的修造，族学的创办，族谱的修撰，以及大规模的祭祀活动等，没有资金就难以举办。宋代以来，泉州海外贸易的兴盛，正好为家族组织的发展提供了重要的资金来源。许多从事海外贸易发财致富的人，在社会现实环境的影响和家族观念感召下，慷慨捐献钱财，举办家族事业。泉州民间族谱以及官方所修志书，这类记载比比皆是。此外，大量族人渡海外迁，无论迁移台湾地区或南洋，往往把祖地家族文化移植到新居地，并与祖地家族保持密切联系，这亦反过来推动了泉州家族文化的持续兴盛。

文学艺术

泉州色彩斑斓的文学艺术，同样既是泉州传统文化的重要组成部分，亦与泉州人的海上活动有不小关系。诸如，民间历史人物故事，主要讲述泉州历史上著名人物，有俞大猷、郑成功、施琅、万正色等人的故事。历史事件故事，主要讲述泉州历史上重大事件，有洛阳桥建造的故事，倭寇侵扰的故事。名胜古迹和地名故事，典型者如《姑嫂塔》，讲述阿兄出洋谋生，返回时遭遇风浪，船沉海中，望眼欲穿的姑嫂化为塔。宣扬出海拼搏进取的价值取向，有《田螺肉碗糕》《圆人会扁，扁人会圆》等。宣扬海高乐善好施的品格，有《李清泉造鹭江道》《李五的传说》等。宣扬海外侨胞热爱故土的情怀，有《思乡曲》《香火袋的传说》等。又如，歌谣，《讨海人真艰苦》《走船走马命》《过番歌》《我君去番邦》《送别歌》等。再如，泉州砖雕艺术品，雕刻技法受来自海外的古景教与摩尼教教义影响，融进了西方文化的神秘色彩。

总之，千百年来的海上活动，使泉州文化得以大大丰富，亦使泉州文化更具特色，成为一种富有地方特色的区域性文化。

海展现泉州精神

泉州精神，亦称泉州人文性格，最为突出者有务实精神、拼搏精神、包容兼蓄精神、崇祖爱乡精神，这些精神亦与大海有着密切关系。泉州人的海事活动，既对这些精神的塑造产生了很大影响，同时亦是这些精神的突出体现。

泉州人务实思想的折射

求真务实，讲求实际，这是泉州最为突出的一种文化性格，这种文化性格在历史上泉州人的海事活动中，得到了突出体现。泉州人的海事活动，最主要是经商与渡海外迁。正是在这两个方面，充分体现了泉州人的务实精神。因为，无论是经商或外迁，在中国传统社会中，始终是传统观念的异端，人们要摆脱这些传统观念的羁绊，并不是那么容易。而当朝廷厉行禁海时，泛海经商与渡海外迁，更是公然违反朝廷法令的行为。然而，历史上的泉州人，没有为这些传统观念所羁绊，敢于冲破这些观念的束缚，这从根本上说，正是务实精神的作用与体现。基于务实精神的泉州人，能够正视自身生存环境的基本特点，即不佳的陆地生存环境与便利的海上交通，进而对自身的生存行为作出务实的选择。正是对自身生存环境有深刻的认识，泛海经商与渡海外迁，成为唐宋以来泉州人两种颇为突出的经济行为，也就不难理解了。因此，尽管同样处于农业社会，可泉州重农抑商的情况，与其他地方比较，显得并不那么严重，对于人们的经商活动，社会一般也不表示反对，文人学者如李光缙、李贽等亦都对商人持肯定态度。同时，泉州人热爱家园却没有固守家园，纷纷渡海外迁，寻求新的生存空间。如此，泉州人长盛不衰的海事活动，也就顺理成章了。

泉州人拼搏精神的体现

勇于开拓，敢于拼搏，这亦是泉州最为突出的一种文化性格，这种文化性格在历史上泉州人的海事活动中，同样得到了最为生动的诠释。因为，无论是泛海经商，还是渡海外迁，毕竟都是充满艰险，既要同恶劣的自然环境作斗争，又要同各种人为的阻挠力量作斗争，这确实都需要一种拼搏精神。仅以海上航行而言，本身就具有很大风险。浩瀚的大海，波涛汹涌，暗流环伺，稍有不慎，船就会被卷进海底，遭遇台风，船随时会被打翻，呼天不灵，叫地不应，只能坐以待毙，尽归鱼腹。历史上泉州人漂洋过海，沉船丧生之事，不胜枚举。而且，如果是违禁出海，倘若被官军逮住，是要被治罪处以刑罚的。所有这些，无疑是极为严峻的考验和挑战，没有一定的拼搏精神，没有一股敢于冒险的闯劲，显然是不行的，是无法承受这些自然的和社会的风险的。然而，历史上泉州人，长期的海事活动，尤其泛海经商，始终表现出甚为顽强的拼搏精神。在中国漫长的古代社会中，大部分地区的社会经济活动，长期基本上是周而复始，没有多大变化，一直处于相对的沉寂之中，而泉州人的这种做法，取得的成就，显得甚为耀眼。

泉州人包容意识的标本

开放包容，兼收并蓄，这也是泉州最为突出的一种文化性格，这种文化性格在历史上泉州人的海事活动中，同样得到了很好的注释。海事活动，尤其是海外交通活动，本身既需要某种开放思想，亦需要某种包容精神。纵观泉州海外交通活动历史，可以清楚地看出，泉州人无论是到海外后对待居留国所在地人民的态度与行为，或者是对待来到泉州的外国人的态度与行为，无不表现出高度的开放包容精神。历史上，众多泉州人通过海上丝绸之路前往海外各国。这些前往海外的泉州人，无论前往什么国家，无论是充任友好使者还是经商，无论是短暂逗留或者迁移定居，能够本着包容的态度，尊重所在国的政治制度，尊重所在国人民的文化习俗，真诚地与所在国人民交往，友好相处，努力发展同各国人民的友好关系，同时注意吸收所在国人民的优秀文化。历史上亦有众多外国人沿着海上丝绸之路来到泉州，主要是前来经商，亦有作为友好使节而来，或者前来传教和旅行。泉州人对于这些外国来客，热情接纳，尊重他们的生活习惯，尊重他们的文化习俗，尊重他们的宗教信仰，以宽阔的胸怀，平等地对待他们，真诚地与他们交往，以海纳百川的气度，吸取他们的优秀文化。

泉州人崇祖爱乡的见证

崇祖爱乡，这也是泉州颇为突出的一种文化性格，这种文化性格在历史上泉州人的海事活动中，同样得到了很好的见证。历史上，渡海外迁的泉州人，无论迁移台湾或者东南亚各国，无论是什么身份，也无论身居何处，始终怀有慎终追远的情怀，表现出浓烈的崇祖爱乡之情。渡海外迁的泉州人，始终对祖地祖宗念念不忘，怀有高度尊崇之情。祖家涉及祖宗之事，诸如造祠堂修祖墓，修族谱设祭田，他们往往非常热心，或主动发起，或积极响应，表现出高昂热情。他们外迁之后，依恋故土之情始终十分浓烈，始终对故土怀有深厚感情，念念不忘遥远的家乡，摇篮血迹观极为鲜明。当他们在外业有所成

泉州李贽故居

后，尤其是发财致富后，首先想到的也是祖宗，往往要返回祖家，向列祖列宗报喜，在老祖宗神主牌位前摆上丰盛的祭品，衷心感谢列祖列宗的庇护，感谢祖德宗功。渡海外迁的泉州人，关心祖家的亲人，关心祖家的发展和进步，祖家各种公益事业，他们总是慷慨解囊，或亲自返回创办，或主动发起创办，或大力资助。千百年来，这些不忘回报祖地的行为不断地延续，直至今天。

海宣示泉州未来

历史是一条流淌不断的长河。海，作为历史上泉州人重要的活动舞台，作为泉州传统人文精神的重要体现，它既是泉州历史的铭刻与现实的记录，亦宣示着泉州未来的发展路向。

历史上的泉州人，绵延千年的海事活动，它所表现出的各种突出行为，它所蕴含的鲜明人文精神，无疑是泉州历史的重要组成部分，是泉州优秀文化性格的突出体现。这些优秀文化性格，历经久远而不改，深深扎根于泉州人的思想深处，成为泉州优秀的文化传统，成为泉州社会重要的价值取向与行为准则，是不会轻易改变或褪色的。它既是泉州历史的铭刻与现实的记录，同时亦是泉州继往开来的某种宣示，某种程度上预示着泉州未来的发展路向，预示着泉州将会有个更加灿烂辉煌的明天。

泉州人的海事活动及其所展现出的人文性格，它向世人明确地宣示，在未来的发展进程中，泉州人仍然将会继续秉持求真务实的精神，寻找适合自身发展的方向与路径。所谓求真务实，就是讲求实际，实事求是，认识事物的真谛，并以此作为行动的思想指导。诚如清代大学士泉州人李光地所言，存实心，明实理，行实事。存实心，就是务实作为基本指导思想；存实心还得明实理，认识事物的真谛；行实事则是目标宗旨，存实心明实理，最终是要行实事，取得成就。李光地所以成为清初著名政治人物，可谓正是很好地弘扬了泉州人这种精神传统。这种传统，亦不断传承下来。改革开放以来，泉州社会经济发展所以取得了令世人瞩目的巨大成就，经济发展长期居于全省前列，某种意义上亦正是弘扬光大了这个传统。可以相信，在未来的发展进程中，泉州人仍将秉持这种求真务实的优良传统，充分发挥自身的优势，避开自身的劣势，选择适宜于自身发展的道路，继续走在福建乃至全国的前列。

泉州人的海事活动及其所展现出的人文性格，它亦向世人明确地宣示，在未来的发展进程中，泉州人将会继续秉持爱拼敢赢的精神，创造出新的更大的成就。勇于拼搏的泉州人，永远不会故步自封，不会安于现状，不会满足于曾经的辉煌，仍将朝着新的奋斗目标，继续奋勇拼搏，不断前进。尽管，前进的道路并不平坦，未来的征程不会一帆风顺，仍然会有各种艰难曲折，仍然会遭遇各种各样阻力，然而，它阻挡不了泉州人勇猛奋进的步伐。可以相信，在未来的发展进程中，无论有多少激流险滩，无论有多少艰难困苦，泉州人必将继续保持开拓进取的精神，以高昂的热情，不折不挠的意志，顽强的毅力，排除各种阻力，克服各种困难，不断地开拓，不断地创新，推动泉州社会经济的不断发展，推动泉州文化的进一步繁荣，推动泉州各项社会事业的更大进步，为中华民族伟大复兴的中国梦的实现，作出新的更大的贡献。

泉州人的海事活动及其所展现出的人文性格，它亦向世人有力地宣示，在未来一带一路倡议实施进程中，泉州人必将继续秉持开放包容的精神，积极发展同世界各国人民的友好关系。开放包容，兼收并蓄，是泉州突出的传统文化精神，这种精神的产生和不断延续，可以说泉州的海事活动起了很大的作用，相当程度上正是海事活动涵养的结果。这种精神，已经深入泉州人的思想深处，成为一种重要的思想意识。在未来的发展进程中，泉州人必将继续弘扬历史优良传统，热情参与海上丝绸之路的建设，坚持深化改革，加大开放步伐，不断扩大同海丝沿线国家和地区以及世界其他各个国家和地区的友好往来，加强彼此之间的经济文化科技交流与合作；继续本着包容的态度，相互理解相互尊重的精神，积极发展同世界各个国家和地区人民的友好关系；继续弘扬兼收并蓄的精神，虚心向世界各国人民学习，汲取别国优秀的文化，学习别国先进的科学技术，取人之长，补己之短，推动泉州现代化建设不断迈上新台阶。

泉州人的海事活动及其所展现出的人文性格，它亦向世人清楚地宣示，迁移海外各国的千百万泉州人及其后裔，在未来的发展进程中，必将继续秉持崇祖爱乡的中华民族优秀传统，谱写更加动人的历史新篇章。这些渡海外迁的泉州宗亲及其后裔，无论他们迁居何处身在何方，无论岁月如何流逝，也无论外部社会环境发生什么样的变化，他们必将继续保持慎终追远的民族优良传统，保持木本水源的情怀，继续与泉州祖地保持密切的联系。他们必将继续弘扬崇祖爱乡的传统精神，心系故土，情牵桑梓，无私奉献，继续关心故土家园的经济建设，关心故土家园的社会进步，积极参与祖地的各项建设，热情支持祖地的各项事业，造福桑梓，为把泉州建设得更加美好而奉献心力，添砖加瓦，做出自己的新贡献。

泉州是中国唯一获得联合国认定的海上丝绸之路起点城市。泉州与海丝沿线国家和地区关系源远流长。泉州与海丝沿线国家和地区的因缘际遇，商缘、文缘、亲缘联系着五洲四海。随着一带一路倡议的实施与不断推进，新的时代，新的挑战，新的际遇，新的起点，新的开拓，新的前景，泉州正积蓄着无穷力量，以海纳百川的胸襟，勇立潮头的拼搏精神，冲风破浪的无畏意志，重振海丝世界大港雄风，冲向世界，走向更加广阔的天地，谱写更加灿烂辉煌的历史新篇章！

雄关漫道真如铁，而今迈步从头越，明天将会作证，这不是没有根据的欢乐！

泉州湾跨海大桥

参考文献

1. [汉]班固:《汉书》，北京：中华书局，1962年。

2. [宋]欧阳修、宋祁:《新唐书》，北京：中华书局，1975年。

3. [宋]欧阳修:《新五代史》，北京：中华书局，1974年。

4. [元]脱脱:《宋史》，北京：中华书局，1985年。

5. [明]宋濂:《元史》，北京：中华书局，2016年。

6. [清]张廷玉:《明史》，北京：中华书局，1974年。

7. [民国]赵尔巽:《清史稿》，北京：中华书局，1974年。

8. [清]徐松:《宋会要辑稿》，北京：中华书局，2014年。

9. [宋]李心传:《建炎以来系年要录》，上海：

上海古籍出版社，2018 年。

10. [明] 何乔远：《闽书》，福州：福建人民出版社，1995 年。

11. [清] 怀荫布修：(乾隆)《泉州府志》，上海：上海书店出版社，2000 年。

12. [清] 周学曾等：(道光)《晋江县志》，福州：福建人民出版社，1990 年。

13. [唐] 李吉甫：《元和郡县志》，北京：中华书局，1983 年。

14. [宋] 祝穆：《方舆胜览》，北京：中华书局，2003 年。

15. [宋] 洪迈：《夷坚志》，北京：中华书局，2006 年。

16. [宋] 乐史：《太平寰宇记》，北京：中华书局，2007 年。

17. [宋] 王象之：《舆地纪胜》，北京：中华书局，2018 年。

18. [宋] 赵汝适：《诸蕃志校释》，北京：中华书局，2000 年。

19. [元] 汪大渊撰，苏继庼校释：《岛夷志略校释》，北京：中华书局，1981 年。

20. [明] 张燮：《东西洋考》，北京：中华书局，2000 年。

21. [明] 顾炎武：《天下郡国利病书》，上海：上海古籍出版社，2012 年。

22.伊本·胡尔达兹比赫著，宋岘译注:《道里邦国志》，北京：中华书局，1991 年。

23.马金鹏译:《伊本·白图泰游记》，北京：中华书局，1991 年。

24.梁生智译:《马可·波罗游记》，北京：中国文史出版社，1998 年。

25.雅各·德安科纳著，杨民等译:《光明之城》，上海：上海人民出版社，1999 年。

26.俞少川、洪谷主编:《安海志》，晋江：安海志修编小组，1983 年。

27.李玉昆、李秀梅:《泉州海外交通史》，北京：中国广播电视出版社，2006 年。

28.张惠评、许晓松编著:《泉州海丝史话》，福州：海峡书局，2015 年。

29.林华东:《闽南文化：闽南族群的精神家园》，厦门：厦门大学出版社，2013 年。

30.林华东、林丽珍、苏黎明:《泉州学概论》，厦门：厦门大学出版社，2022 年。

31.陈笃彬、苏黎明:《泉州历史上的人与事》，济南：齐鲁书社，2010 年。

后　记

泉州是一座滨海城市，更是一座非同一般的滨海城市。自古迄今，泉州这座滨海城市，相比于中国诸多滨海城市，它与海的关系无疑更为紧密。泉州荣膺的不少令人艳羡的称号，诸如，中国历史文化名城，东亚文化之都，世界文化遗产名录城市，等等，无不与海有着千丝万缕的关联，可谓息息相关。可以说，正是与海结下的深深难解之缘，使泉州成为名闻海内外的滨海城市。

那么，历史上的泉州，为何与海的关系会非同寻常？它与海的深深难解之缘在唐、宋、元、明、清乃至近现代的突出表现主要有哪些？它对于历朝历代泉州社会的政治、经济、文化以及泉州人文性格产生了什么样的深刻影响？它对于泉州社会未来的发展路向又有什么样的预示？所有这些，无疑是很值得加以阐释的。

泉州市老科协会长、原泉州师范学院副院长林华东教授，亦是我的老领导，于泉州历史文化情有独钟，长期潜心研究，甚有造诣，著述丰厚。荣任泉州市老科协会长后，他积极推动社会科普工作，得企业家郭永坤先生的热情襄助，组织编写《泉州与海》这部书，并让本人承担具体的文字编纂工作。本人深感荣幸，且义不容辞，于是，尽己之力，亦思亦行，反复推求，终于完成了书稿的编写。

读者通过这本书，可以大体领略泉州与海非同一般的关系，看到历史上的泉州人如何充分利用大海，积极发展与海外各国的商品贸易、友好往来、文化交流，并沿着海路大量迁徙到海外各地，寻求新的生存发展空间，演绎出许多动人的故事；可以充分感受到，泉州人求真务实、爱拼敢赢、包容兼蓄、崇祖爱乡的突出的人文性格；可以从中体味到，未来的泉州，在新海丝之路建设中，将继续发挥紧靠大海的特点，创造出更加辉煌的业绩，为中华民族伟大复兴的中国梦的实现作出新贡献！

毋庸讳言，囿于本人学识有限，叙事能力亦不无欠缺，加上资料搜集尚有不足，因此，本书的内容编排可能存在某些不妥，文字叙述亦难免有诸多不当之处，甚至有某些谬误之处，如此，只能留待读者批评指正了。

衷心感谢林华东会长对本书编写提出的内容构想并对书稿进行精心的修改；衷心感谢泉州市人大常委会政策研究室原主任王伟明先生对本书进行审阅并提出诸多宝贵意见与建议；衷心感谢新加坡安溪会馆常

务主席杨云仲先生、石狮市博物馆馆长李国宏先生、泉州师范学院图书馆馆长吴绮云女士、泉州师范学院图书馆陈彬强副研究馆员为本书部分插图提供了照片。

苏黎明

2023 年 3 月